校园三国之 炫酷科技 I

柴小贝 戴军 著
海鸥 绘

上海交通大学出版社
SHANGHAI JIAO TONG UNIVERSITY PRESS

来啊，与 Y 老师和小伙伴一起玩耍 PK~

扫码关注
【少年 AI 漫游指南】

加入故事里的科技探险……

内容简介

在风景如画的滨海市，三所风格迥异的学校——棉花糖学校、顶峰学校与奋进学校，构成了充满竞争与友谊的"校园三国"。全书以三所学校的科技活动为主线，通过轻松幽默的校园故事，逐步带领孩子走近航空航天、自动驾驶、机器人、虚拟现实、人工智能、绿色能源等12个前沿科技领域。故事中，三所学校的孩子们积极运用科技的力量来解决学习与生活中的难题，在实践中加深了对科技的理解。

除故事外，每个章节特别增设了"科技发展简史""学习笔记"和"一起动手吧"三个板块，让孩子在趣味阅读中了解科技知识，拓展科技视野。

郑永正

棉花糖学校科学课老师，斯坦福大学退学博士，学生们起花名"歪老师"，代号"Y老师"。

华山

棉花糖学校教导主任，身材魁梧，隐秘的"武林"高手。

陆言

棉花糖学校"掌门人"，儒雅博学，教育改革家，Y老师当年的班主任。

何苗

棉花糖学校六（6）班班主任，说话温柔，笑起来有两个酒窝，喜欢花花草草。

王小飞

棉花糖学校学生，双胞胎哥哥，冷面学霸，隐藏的体育高手。

王小美

棉花糖学校学生，双胞胎妹妹，班长，手工达人，能歌善舞，热情，有正义感。

马大虎

棉花糖学校学生，出名的顽皮鬼，黑黑的皮肤，高高壮壮，篮球高手，Y老师忠实粉丝。

刘星星

棉花糖学校学生，马大虎好朋友，航天迷。

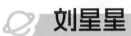

杨小鹰

棉花糖学校学生，很爱笑的开心果，喜欢科学，爱读书。

查理

棉花糖学校学生，爸爸是英国人，妈妈是中国人，一头金发，满口东北话，天然呆。

芭芭拉（柳青）

顶峰学校校长，从头到脚精英范，衣着考究，英语老师。

史蒂芬·赵（赵勇）

顶峰学校学生，身材高大，相貌俊朗，穿着考究，智商很高，喜欢装腔。

戚华

奋进学校校长，人称"卷王"之王，中等身材，高颧骨，面部轮廓分明，眼睛不大但眼神坚定，略显严肃。

尤大志

奋进学校学生，小版"卷王"，中等个头，样子不突出，但眼神坚定。

伍理想

奋进学校学生，一个性格有点跳脱、喜欢运动的孩子。父母对他寄予厚望，但他在学校里感觉很压抑。

滨海，一座位于南方海岸线上的美丽城市。

这里依山傍水，历史悠久，有很多网红打卡景点。近代以来，港口贸易的发展，让滨海又成为连接世界的重要出口。生活富裕，美食众多，滨海一直稳居全国宜居城市的前十。

在美丽的滨海，有三所著名的学校，备受家长们追捧。这其中鼎鼎大名的当属顶峰学校，它是滨海市最老牌的精英学校，历史悠久，盛名在外，简直就是滨海教育界的金字招牌。优秀的毕业生更是层出不穷，比如，郑永正老师这样的青年才俊，就是当年在顶峰学校陆言老师的得意门生。

顶峰学校人才济济，陆言、戚华还有现在顶峰学校的校长——"女魔头"芭芭拉，三个都曾是顶峰学校的教师骨干，也曾是比肩合作的老友，终因为理念不同而分道扬镳。陆老师创办了棉花糖学校，戚老师接管了奋进学校，芭芭拉留在了顶峰学校成为掌门人。三位个性独特的领头人，都在各自

领域闪闪发光，于是顶峰学校、棉花糖学校和奋进学校形成了三足鼎立之势，成为滨海赫赫有名的"校园三国"。

顶峰学校以其悠久的历史和强大的校友网络而闻名，这里的学生大多出身不凡，在顶峰学校上学也让他们有着不少优越感。顶峰学校的家长们藏龙卧虎，能量无限，因此顶峰学校的学生们眼界和见识也自然常常超越同龄人，他们经常在各种比赛中表现不凡，也让顶峰学校的学生有点超乎年龄的自负。可能是拥有的太多，顶峰学校在盛名之下，少了点脚踏实地的坚持，学生们擅长的事情很多，专注的事情却很少。

奋进学校曾是滨海学校中第二梯队的领先者，而自从戚华空降做了校长后，他把奋进学校带进了滨海前三。戚老师绝对是个人奋斗的典型，他出生在一个贫困山区，是家中的老大，父母都是农民，为了供他上学异常艰辛。而戚华也没有辜负父母的

期望，是当年的高考状元，成了家乡的骄傲。在奋进学校，戚老师常挂在嘴边的话就是"爱拼才会赢"。奋进学校以其严格的考试制度和对成绩的重视而闻名，家长们都觉得奋进学校的学风很正，学生们勤学苦练，目标坚定，但过于严格的环境也让不少学生感到压力山大。

在这三所学校里，虽然棉花糖学校成立时间最短，建校不过 10 多年，却以独特的教育理念迅速崛起，成为滨海顶尖学校中的一匹黑马。别看学校的名字软绵绵的，棉花糖学校的硬实力却不容小觑。棉花糖学校以其快乐的教学方式和对解决问题能力的重视而闻名。学生们在学习中感到快乐和有动力，他们能够自由地探索自己的兴趣和提升自己的才能。陆言校长希望学校就像棉花糖一样，松软香甜，让同学们在学习中感到有趣快乐，充满想象力和创造力。

目 录

奇妙太空

引子

航天绝对是一个充满了人类浪漫想象的领域。在广袤的宇宙中，有太多人类无法企及，又神秘莫测的力量。科学的发展，让人类现在有机会像大航海时代探索地球一样，探索太空。

探索太空是人类不断追求知识的源动力，也是检验一个国家科技实力的重要标志。中国航天事业的发展向世界展示了中国科技水平的日益提升。从空间站到月球车，中国在航天领域的探索成果让人激赏不已。

这一次，滨海学校的"三巨头"，竟然在一次航天科技大赛中相遇，他们会碰撞出怎样的火花呢？

纸飞机大赛

"咻——"一架细长白色窄翼的纸飞机，以漂亮的身姿飞行着，从教室前端讲台的位置越过同学们的一颗颗小脑袋直接飞到了后墙黑板，然后撞墙，坠地。

42颗小脑袋不约而同地晃动着，眼神追着纸飞机的飞行轨迹，向左，抬头，转圈，向右……啊，撞墙了！噗，掉地上了！所有人都低头看去。

"哇——"有人喝彩，有人鼓掌。

这时候，讲台后的人物露出了标志性的笑容，一口白牙衬在小麦色的脸上，显得格外白格外亮，像是电视里牙膏广告中常出现的镜头。

这是棉花糖学校六（6）班正在上的综合实验课，同学们最喜欢的一个课程。

这门课程的主理人是来自斯坦福大学的退学博士——郑永正老师。

郑老师高高的个子，一头不屈的浓密黑发，总爱穿着有大学 LOGO 的帽衫加运动短裤，一个标准的阳光大男孩，乐观亲和，没啥老师的架子，看起来就是邻居家的大哥哥。

来到棉花糖学校后，六（6）班的同学们给名字一身正气的郑老师起了一个外号——歪老师，代号 Y，郑老师非常满意这个新称呼，它既有幽默感又充满了想象力。

于是，他把自己的微信头像都改成了一个酷炫的充满金属感的 Y 字。他觉得就像他的偶像，钟爱 X 的马斯克一样，这个 Y 充满了"硅谷 style"，让人想起垂直 X 轴的 Y 轴，简直完美！

郑老师，哦，不对，Y 老师，也多少是一个滨海市的传奇人物，少年天才，16 岁进入 T 大的理科实验班，23 岁从斯坦福大学博士退学创业，开发了一款人工智能方面的应用程序，两年后被一个科技巨头收购，于是 Y 老师从项目中成功隐退成为待业青年。

正好这时候，Y 老师求学路上重要的引路人、高中时候的数学老师，也是大名鼎鼎的棉花糖学校的创始人——陆言校长，向他伸出了橄榄枝，邀请他来棉花糖学校当科学老师。

郑老师当时正处于思考下一步做什么的迷茫期，这忽然送上门的邀请像一个填空题里的完美答案。因为当老师是他小时候的愿望，用来做 gap year（间隙年）的选择，简直完美！

回想自己小时候，郑老师深深认为童年正是创造力最旺盛的时候，看着眼前这群生机勃勃的小学生，颇有种英雄惜英雄之感。

这不，刚刚飞到南墙的这架飞机，就搭乘着设计师的创意，完成了一次完美飞行。

对了，今天的课堂主题是"纸飞机大赛"，Y

老师希望各位小设计师们制造一款自己喜欢的纸飞机，在课堂上进行飞行比赛。

刚才这架纸飞机的设计师正是班长王小美。

王小美本身就是手工达人，各种折纸手工手到擒来，她的这款纸飞机造型简洁、身姿矫健，而且小美的试飞动作也一派行云流水，单手捏住纸飞机上面轻松甩臂，漂亮地完成了试飞。

小美对着讲台边上的 Y 老师，轻轻歪了歪头，眼神似乎在说："我飞得不错吧——"

Y 老师没有说话，给了一个肯定的眼神，然后对讲台下的同学说："还有谁想试试呢？"

马大虎积极地举手："我来！"

马大虎是六（6）班出名的顽皮鬼，黑黑的皮肤，高高壮壮的身材。马大虎擅长运动，是校篮球社团的主力，也擅长恶作剧，而且笑点很低，经常哈哈哈地大笑，同学们很远就可以听到他魔性的笑声。

马大虎在其他课上经常容易走神，但 Y 老师的课他可认真了，绝对的捧场王。

　　一是因为 Y 老师上课不拘一格，各种好玩的东西一走神就错过了，更重要的是，篮球场上的 Y 老师成功地帅到马大虎了，大写的服气。

　　只见马大虎拿出了一只胖嘟嘟的纸飞机，折纸有点皱巴，显示着设计师的漫不经心。不过，马大虎觉得自己玩起篮球来得心应手，扔个小小的纸飞机应该不在话下。

　　于是，马大虎信心满满地做了一个标准的投篮准备动作，然后纸飞机向前飞了一点点，接着就掉头旋转直下了，倒地了。

"哈哈哈哈"，同学们哄笑成一团。

马大虎不好意思地挠挠脑袋，对着Y老师"嘿嘿"笑了两声。

Y老师却微笑着赞许："不错。"

马大虎立刻面露惊喜之色，又挠挠头说："嘻嘻，其实我也觉得不错。"

马大虎这边的抑扬顿挫似乎没人响应，教室里同学们已经开始闹哄哄地交头接耳了。Y老师问大家："还有谁要来展示一下吗？"

这时候，冷面笑将王小飞出手了。王小飞是王小美的双胞胎哥哥，白白净净的长相，不笑的时候，有几分绝世独立的清冷，跟甜美爱笑的王小美完全两个极端。不过那双跟小美非常相似的大眼睛，藏在一副哈利·波特式的眼镜后面，透着聪明劲。

别看王小飞平时冷冷淡淡的，他可是6班著名的搞怪大王，经常出人意料。

7

只见，王小飞拿出了一架软趴趴几乎不成型的纸飞机。好事的同学凑近一看，学霸果然脑回路清奇，王小飞这只纸飞机竟然是用平时擦嘴巴的纸巾"折"成的！

小飞举起他的纸飞机，一个标准的投掷动作，只见纸飞机起飞后就散了架，变身还原成一张纸巾摇摇摆摆地飘落了下来。

咦，这是什么操作？

可能是出于对学霸隐含的敬意，大家没有立刻笑成一团，不过嘛，这张纸飘来飘去的样子倒真是很搞笑。

"哈哈哈哈"，笑点低的马大虎大声地笑出来，像是按动了班里的大笑开关，教室里又开始热闹起来。还有些同学开始扔自己的纸飞机，一时间教室里到处飞舞着各式纸飞机。

Ｙ老师的课堂氛围一向宽松，过了几分钟，他等着大家都玩够了，才带着好奇问王小飞："为什么会用纸巾做纸飞机？"

王小飞说："我想试试纸越轻是不是飞得越好。"Y老师笑着道："还好不是因为手边只有餐巾纸，那你得出结论了吗？"

小飞摇头："纸巾虽然轻，但是不好折。"说着他从桌肚里拿出了其他几只丑萌的餐巾纸飞机，有的贴了透明胶布，有的被扯破了，倒是能看出设计师破费了一番心思。

Y老师笑着说："nice，爱因斯坦的第三个小板凳。"王小飞心领神会，翘起嘴角，露出一个不易察觉的微笑。

"那是不是越轻飞得越好呢？"

Y老师把问题转头抛给了同学们。

马大虎立刻接茬说："当然啦，气球很轻就飞得很高。"

马大虎的好朋友刘星星却立刻说："才不是呢，飞机很重，飞得比气球还高呢。"

机灵的王小美一下子就听出了其中的破绽，反对道："飞机有发动机啊，纸飞机又没有。"

同学们七嘴八舌开始辩论起来，像一个大型的"两小儿辩日"现场。这时候，Y老师却不慌不忙地在黑板上画图。

等同学们各抒己见，教室渐渐安静下来后，Y老师不紧不慢地说："作为飞行器来说，是不是越轻越好呢？这是一个好问题。我的博士生导师经常说，提出一个好的问题是学习的起点。而今天，小飞特别棒的一点，是他不仅提出了一个好问题，还试图通过实验去寻找答案，就是已经具有科学家精神了。"说到这里，他对王小飞竖起了大拇指。

"而我们今天的飞行大赛谁赢了呢？"Y老师看向大家，同学们立刻端坐起来，一副洗耳倾听的样子。

Y老师手指向黑板上他画的线条："大家看，这种形状的线叫抛物线，所有的抛物线都有着先向上再向下的走向变化。我想问大家，气球的飞行轨道是抛物线吗？纸飞机呢？飞机呢？为什么？这是我留给大家的课后思考题。这里面涉及一些重要的基础物理知识，大家自己回去研究一下，然后来找我讨论……"

"Y老师，那到底谁赢了啊？"马大虎执着地想知道答案。

"嗯……"Y老师故作思考状，"谁赢了也是一个好问题，因为我们要看比什么，也就是衡量标准是什么。我们看待问题的角度不同，结论也大不相同。就像今天，如果比飞得远，那自然是小美；不过你的飞机飞得更高，确实是个优秀的投手。"说着，Y老师又向大虎比了一个点赞的手势，"如果比散架最快，那小飞就胜出啦。"

"哈哈哈哈！"散架最快也能赢，Y老师又戳到同学们的笑点了。

这也是Y老师受同学们喜欢的原因之一，不

只是 Y 老师的课一直让大家很开心，他还会从很多与众不同的角度告诉大家，你也很棒！

三大高手的密谋

　　Y 老师下课后，正穿过大操场走向教师办公室。棉花糖学校的校园里种了很多石榴树，现在正是石榴开花的季节，有种淡淡的甜香。

　　"嗨，小郑，正好陆校长找你呢。"迎面碰上了教导主任华山老师，华山老师人如其名，身材魁梧，看着稳如一座山。华老师可是隐秘的武林高手，还在全国比武大赛中拿过冠军，他和儒雅的陆言校长一武一文并列成为棉花糖学校的"镇校之宝"。

　　在华老师盛名之下，棉花糖学校的捣蛋鬼们都十分收敛。虽然小祸不断，却也没惹什么大纰漏。

　　Y老师跟着华老师，一起去了校长办公室。

　　陆校长正在办公室里悠闲地喝着功夫茶，Y老师和华老师两个高个子一进来，立刻把校长办公室装满了。

　　"找你们来聊聊市里科技节的青少年航天大赛。"陆校长说话不紧不慢，中气十足，说着还分别给Y老师和华老师各斟了一杯小小的功夫茶，分别摆在他们面前。

　　Y老师立刻站起身来，弓腰捧着茶杯感谢。华老师也扣着手指敲着桌面，表示谢谢，然后端起小小茶杯仰头一饮而尽。

　　Y老师刚坐下，华老师用胳膊肘轻轻地碰了碰Y老师，Y老师收到信号又噌地站起来了，说："比赛没问题，我们有信心。"陆校长仰头看着比他高半头的Y老师，笑起来了，挥手让他坐下说。

13

华老师略带不满地说："咱们这次一定要赢，孩子们都等着呢！"

必须要赢！

14

最近，滨海三大学校在篮球比赛中聚首，棉花糖学校以微弱的比分惜败老对手顶峰学校，顶峰学校最出名的就是"爸爸天团"，因为顶峰学校的学生家长，各显神通，据说这次还专门请了专业的教练组。

陆校长听完华老师的怨言，还是如常般宽和地说："孩子嘛，有集体荣誉感当然是好事。比赛重在参与，输赢都是财富。"

说完又给 Y 老师面前的茶杯倒满，温和地说：
"永正别有压力，胜负不在一时。"

　　别看 Y 老师平时一副骄傲满满的样子，在陆
校长面前，那绝对是听话的好学生。不过他在心
里却暗暗下决心，仰头一口喝完了茶，那架势郑
重得像是壮士们出征前饮下一杯誓言酒。

一起走出教室

　　Y 老师做事，就是坚定不紧张。虽然心里势在
必得，但表面上不动声色，越是压力大时越平静，
正所谓四两拨千斤。

　　他没有着急带着同学们积极备赛，却又组织
起博物馆参观活动了。参观博物馆是 Y 老师加盟

棉花糖学校之后发起的第一个特色项目，他希望带领孩子们走出教室，拥有更多有趣的学习体验。

Y老师记得他在斯坦福大学的一位教授说，博物馆的英语叫museum，这里面首先有个"muse"，这个词源于古希腊神话中的九位缪斯女神，她们是艺术和科学的守护者，象征着知识和创造力的源泉。博物馆不仅是一个展示古今物品和艺术品的地方，更是一个激发人们好奇心和求知欲的空间。

Y老师虽然来到棉花糖学校不久，但他的科学课却已声名在外，他的科学课总是充满了惊喜和创新，已经成为同学们最期待的课程之一了。

初春里艳阳高照的一天，位于南方的滨海已经有了入夏的暖意。Y老师带着一群心情放飞的同学们，去滨海市的航天博物馆进行一次现场学习。

在前往博物馆的大巴上，Y老师开始为同学们介绍当天的行程。"我们今天要参观的航天博物馆，不仅有中国航天的辉煌历史，还有许多互动展览，让我们亲身体验航天员的日常……"

这时候，Y老师的捧场王马大虎积极响应道："Y老师，我们能穿宇航服吗？那一定很威风。"大虎一边说着，一边脑补自己身穿宇航服的样子，嘿嘿嘿地乐起来。

"那能行吗？"一听这纯正的东北话，就知道是查理。查理一头软软的金发趴在头上，配上一双有点呆萌的大眼睛，特别像是哈利·波特的好朋友罗恩。查理的爸爸是英国人，在滨海一所大学当老师，而妈妈是中国人。查理一嘴的东北话，可都是他姥姥的真传。查理三年级转学到棉花糖学校，就成了班级里的一个活宝，查理说话就像是在演小品，自带搞笑基因。

正说着，大巴不知道遇到什么情况，司机一个急刹车，同学们都止不住地向前倒。刚才还在想象自己有多帅气的大虎，为了靠近Y老师，站

17

在座位边上，这下子差点被甩出去，还好同座的王小飞眼疾手快拉住了他。

别看王小飞平时一副冷冷的书呆子样，他可是隐藏的运动高手，班里篮球主力，关键时刻出手不凡。

虚惊一场之后，查理看着大虎说："咋地啦，这是地球留不住你，你开始飞向太空啦？"

"哈哈哈哈"，车上同学们笑成一团。

Y老师也笑了，不过他很快就正色道："大虎先坐好，大家一定注意安全。那就着查理的话，

我给大家留三个重要的问题：第一，火箭是怎么飞向太空的？第二，宇航员怎么吃饭睡觉？第三，太空里植物如何生长？希望大家在参观过程中用心找答案，回去要做一份总结报告给我……"Y老师的作业已经淹没在一堆同学的嬉笑声中了。

参观航天博物馆

19

一路说着笑着，时间飞逝，大巴很快就到了滨海市航天博物馆。航天博物馆是一个展示国家航天发展历史和成就的地方，里面有很多有趣的展品和互动体验设备。

当大家进入主展馆时，首先映入眼帘的是一枚巨大的长征火箭模型，旁边有着关于中国航天发展里程碑的介绍。

Y老师指着火箭说："大家看，这就是著名的长征火箭，它载着我们的梦想飞向太空。1970年，"Y老师看看一群眼神清亮的同学们，想了一下说，"也就是我爸出生的那个年份，中国首枚航天运载火箭'长征一号'成功将我国第一颗人造卫星'东方红一号'送入预定轨道。"说着，Y老师指着边上一张新闻图片展示给同学们，"这让中国成了全世界第五个可以自己研发制造、发射人造卫星的国家，现在中国的航天实力更是全球数一数二的了。"说到这里，Y老师内心油然升起自豪之情。国家的科技实力日渐强大，很多海外的学子都愿意回到祖国开创一番事业，Y老师构思自己的下一个计划一定要在中国实现。

"对了，现在'东方红一号'仍在绕地球飞行。"Y老师补充道。"哇！"马大虎听完惊呼，"这是卫星爷爷了吧。"大虎果然是欢乐气氛组组长，说完就把自己逗乐了，发出了魔性的笑声，"哈哈哈哈"，在空荡荡的航天博物馆自带回音效果。也许被大虎笑声感染了，大家对依然在轨飞行的爷爷级卫星，肃然起敬。

同学们围着高大的火箭模型，感受着它的庞大和力量。"这个火箭的模型是按高度 1∶10 比例建造的，"同学们看着仰头都不太容易看到顶的火箭模型，"而真正的'长征一号'火箭全长 29.46 米，最大直径 2.25 米，估计就是 5 个同学手拉手围个圈。"Y 老师继续说着。

王小飞还是一副表情淡淡的样子，专注地记录着火箭的数据。而王小美则兴奋地在火箭边上拍照，然后招呼同学们过来拉手比画一下，开心得像是城市里的抱树爱好者。

同学们看着排成一列的长征系列火箭的模型，长征系列火箭通过不断改进，已成为中国航天事业的主力运载工具。它们在中国航天史上发挥了

21

重要作用。

　　资深航天迷刘星星指着一个巨大的火箭模型说："看，胖五，胖乎乎的多像我。"刘星星个头不高，矮矮胖胖的，是个太空迷，说起星球大战的故事来如数家珍。

　　"对，就是胖五，'长征五号'，是我国主力运载火箭，'长征五号'火箭身高约 57 米，起飞重量约 870 吨，是名副其实的大力士，一次可以将 16 辆小汽车的重量送入太空。"Y 老师补充道，然后赞许地揉了揉刘星星的圆脑袋。

　　刘星星有点挑衅地向马大虎做了个鬼脸，很得意。平时他们俩就喜欢在一块斗嘴，马大虎这会儿也不甘示弱，立刻回嘴道："胖五明明很高么，像我还差不多。"

　　"像我！""像我！"……刘星星和马大虎谁也不让谁，说着说着就开始你顶我顶你地用肩膀挤来挤去。

"你俩真像两个不安分的小行星。"查理用他东北味十足的中文点评。

"既然小行星都出动了，那先回答我的第一个问题吧——火箭是怎么飞向太空的？"Y老师看着快闹成一团的同学们，适时地抛了个问题。

大虎、星星还有查理一时间没回过神来，卡住了。

"一般来说，火箭的速度要达到至少每秒 7.9千米才能逃离地球引力并进入太空轨道。这个速度也叫逃逸速度。"王小飞回答说。同学们以崇拜的眼神望向王小飞，暗叹果然是学霸啊。

小飞镇定地指着火箭模型后面的背板说："这上面都写了。"

"啊，好吧。"同学们有点小不服气，不过又只能服气。怪不得王小飞刚才一直在记笔记，而其他人在打打闹闹。

Y老师一下子洞悉了同学们的小心思："参观

博物馆，我们不仅要用眼睛看，还要用'心'看，还记得我经常说的那句……"

"外行看热闹，内行看门道。"同学们齐声回答道，十分捧场。

Y老师满意地笑了下，给小飞一个赞许的眼神。虽然平日里，大虎、星星一群人围着Y老师问这问那，十分亲近，不过好像小飞却才是最懂Y老师问题的那个，可能是因为学霸惜学霸吧。

马大虎则更关心实际操作，他跑到Y老师身边，一脸好奇地说："Y老师，我们什么时候可以穿宇航服啊？我也想体验一下零重力！"

Y老师嘴角微翘，揉揉大虎毛茸茸的脑袋说："耐心点，大虎。等会儿我们去模拟舱，你就可以体验到了。"

接下来同学们就来到了关于空间站的展厅。他们看到一个巨大的模型空间站悬挂在展厅中央，周围布满了闪烁的星星和太阳系的模型。旁边巨大的投影屏上显示着宇航员各种太空生活工作场景，穿着厚重的宇航服进行着太空修理，从一个位置飞去另一个位置，注视着自己面前一个悬在半空中的食物，还有正在健身器材上挥汗如雨……

"大家知道中国空间站的故事吗？" Y老师看着沉浸在宇宙世界的同学们问道。

"中国空间站又叫天宫空间站，是我们国家的太空实验室，是中国的宇航员在太空里生活和工作的地方。"大虎大声地抢答道。

"哇！"刘星星和查理一起给大虎鼓掌，刮目相看。

"嘻嘻……"大虎挠挠头，有点不好意思，"门口展示板都写了啊。"说完，又得意地朝他俩吐吐舌头。

不是只有学霸会做小抄吧。

"很好，这就是大虎在用'心'看。" Y老师看向大虎，悄悄地给比了个大拇指。得到了偶像的肯定，大虎立刻得意地扭动身体"电摇"。

"你咋乐得跟大闹天宫的孙猴子似的。"查理一张口，就自带喜剧色彩。同学们又是一阵哄笑，Y老师忙做出静音手势制止。

走廊播放的投屏上带领着同学们一步步深入空间站，宇航员们每天漂浮在空间站的零重力环境中，在不同区域进行科学实验、维护设备、锻炼和休息。如果在空间站外，宇航员们就需要穿着特制的宇航服，这些厚重的宇航服不仅可以保护他们免受太空辐射的影响，还可以提供氧气和调节体温。

由于空间站里地球的引力非常小，宇航员的太空漫步都是"飘着走"的，像在空气里游泳。小美看着宇航员们像是武侠小说里的轻功高手飘来飘去，崇拜地感慨道："对了，你们知道吗？中国的宇航员在空间站里可以看到16次日出和日落哦！"

27

　　虽然太空的工作充满了挑战，但宇航员们也会有一些特别的时刻。他们可以通过舷窗看到地球的美丽景色，欣赏日出日落的壮丽景象，甚至可能会看到流星划过夜空。颇有"坐地日行八万里，巡天遥看一千河"之风。在休息时间，他们可以享受太空飞行带来的轻松和自由，观星赏月，"永结无情游，相期邈云汉"，享受太空里独有的浪漫。

　　展示柜中摆放着航天员们在太空中使用的特殊器具和设备。有着闪亮控制面板的模拟太空舱，可以让同学们模拟操作舱内的控制器，感受航天员的工作环境。展示柜中还摆放着航天员们用来进食的太空食物袋和喝水的特殊水囊，同学们可以试着用它们来体验航天员在太空中的饮食方式。

"如果食物飘走了，宇航员该怎么追回来？"小美好奇地问。

"在太空中，食物和其他任何物品一样，如果没有固定，就会在舱内漂浮。因此，宇航员在吃东西时会小心翼翼，使用特殊的容器和工具，比如磁性餐具或者黏性垫子。如果食物真的飘走了，宇航员必须非常小心地追回来，以免撞坏设备或者弄脏舱壁。"Y老师解释道。

作为资深航天迷，刘星星的问题自然更专业："老师，宇航员喝的水很多都是自己的尿，这是真的吗？""啊？"查理瞪大眼睛，露出了难以置信的表情。

Y老师点了点头："在太空中，水是非常宝贵的资源。空间站的补给需要太空物流，非常贵。因此，空间站里有独特的循环系统，可以将宇航员的尿液净化处理，转化成饮用水和其他用途的水，确保了宇航员有足够的水资源在太空中生存。"

不少同学听完十分惊讶，在心里暗自想象了一下喝尿的体验，实在很不爽。看来宇航员牺牲很大啊。

"那宇航员咋睡觉呢？"既然白天都像在空气里游泳了，那睡觉会不会像仰泳，睡着了会不会撞墙呢？查理的脑袋里飘过许多个奇奇怪怪的小念头，脑补了一下宇航员睡着了撞车的情景，先把自己逗乐了。

Y老师看着傻乐的查理，心领神会："这可是我给大家留的第二个问题哦。"然后，Y老师指着一面写着"宇航员休息舱"的展示墙说道："大家看，这里有很多钉在墙上的睡袋。宇航员休息的时候就睡在这样的睡袋里，这些睡袋会固定在太空舱的墙上，防止他们在睡觉时漂浮走。他们通常会戴上一个眼罩，以减少光线的干扰，因为在太空站里，24

小时里会看到很多次日出日落，这会影响他们的睡眠节奏。"这就是太空生活，又有点苦又有点酷。

而这个展区里最让大家开心的还是太空漫步的模拟器，Y 老师让同学们轮流体验失重状态下的漂浮感，同学们像真正的宇航员一样，尝试着在模拟的太空环境中移动和工作。

能歌善舞的小美惊喜地发现，自己可以轻松地翻转和移动，便很快在漂浮状态里找到了平衡，她想象着自己是个长带飘飘的飞天舞女，做了一次漂亮的空中翻腾。而马大虎、刘星星和查理患难三兄弟却像是淘气的粒子般无奈地不规则运动，这不大虎又撞上查理的脑袋了，惹得刘星星大笑不止。

从模拟器出来，大虎觉得踩在地上的感觉从未如此踏实。"咦，小飞呢？"小美一边问一边左顾右盼。学霸经常神龙见首不见尾，王小飞又不知神游去哪了。

也许是为了报答来时大巴上的搭救之情，大虎这会儿积极地帮着卖力寻找。果然最先发现了王小飞，他正入神看着太空植物种植展示柜，只见展示柜里整齐地摆着一排透明的长方形小鱼缸，里面养着各种各样的植物。

大虎蹑手蹑脚地走到王小飞的身边，恶作剧般地拍了一下王小飞的肩膀："大神，看啥呢？那么专心。"

王小飞没有被吓到，转过头来，手指比画了一下对大虎说："嘘，别吵，它们在睡觉。"

大虎一头问号，左右看了看，才回过神来，小飞说的它们指的是这些展示柜里的植物们，大虎瞪大眼睛，给了小飞一个"你逗我玩呢"的表情。

"这些可都是上过天的植物们。"小飞又补充了一句。大虎仍然一脸懵，学霸的世界总是好难懂，不过他也习惯了。

小飞完全不理会大虎，自顾自地说着："你看这个模拟太空种植的装置，"大虎看了一眼长得像鱼缸的菜盆，里面有几十颗长势喜人的生菜，"在太空中种植物很困难，其中最难的部分是给植物浇水。因为在失重环境下，水很难深入植物根部，所以科学家们设计了一个特别的装置，就是这个透明的盒子，它能给植物浇水，让植物可以进行光合作用，吸收二氧化碳并产生氧气。"

王小飞的一段解释把大虎听得云里雾里，但是在背景板上抄答案的模式他是彻底学会了，立刻环顾四周想找到学霸的知识源。

小飞像是洞悉了大虎的想法，礼尚往来地在大虎肩上拍了一拍："别找了，来参观博物馆之前，应该做点功课啊。"马大虎被戳中心事，有点不好意思地挠挠脑袋。一旁静观的Y老师，听完小飞的介绍后，觉得这次航天大赛心里有底了。

航天馆的各种演示让同学们兴奋不已，仿佛科幻电影照进现实，Y老师看着同学们兴奋的表情，知道他们在这个"museum"中找到了乐趣，不仅学到了新知识，同时也激发了他们的想象力和创造力。这正是博物馆的魅力所在。

三大巨头顶峰聚首

又是一个滨海初夏标志性的艳阳天，大太阳在头顶热热闹闹地照着，顶峰学校的大体育馆里也热热闹闹地挤满了人，这是滨海市青少年航天大赛的决赛现场。经过几轮的过关斩将，这次航天大赛最后成了棉花糖、顶峰和奋进三大学校的角逐，这次大赛的主题是"筑梦天宫"，就是希望以国家空间站为主体提出各种在空间站场景下的应用方案。

顶峰学校的校长芭芭拉依然穿着一身剪裁得

体的明黄色套装裙，脚踩一双小猫跟黑色皮鞋，配着她标志性的波波头，垂顺的齐肩直发，一副金边太阳镜，看着有种精致到头发丝的精英范儿。

作为滨海市教育界的风云人物，芭芭拉亲自到场支持这次青少年航天大赛，足以显示出这次比赛的分量。而顶峰学校作为比赛主场，占尽地主之优势，芭芭拉也摆出一副势在必得的姿态。

过去在各类体育文艺比赛中，顶峰学校经常碾压棉花糖学校，而奋进学校由于忙于主课学习，鲜有参加。而由于这些年国家对科技素养培养的重视，这次以航天为主题的科技大赛，在滨海还是头一次举办。就在这样的科技大赛中，滨海教育界的三大巨头，终于"顶峰"相见了。

这次比赛，顶峰学校的组长就是大名鼎鼎的史蒂芬·赵。史蒂芬是一个非常典型的"顶峰"学生，出身不凡，爸爸是上市公司的董事长，妈妈是知名律师，爷爷还是院士。史蒂芬·赵本名赵勇，因为他的爷爷觉得勇敢是一个男孩子最重要的品质。

史蒂芬·赵果然不负爷爷的期望，从小就是"别人家的孩子"，高高的个头，相貌俊朗，兴趣广泛还能保持样样擅长，在编程、数学和绘画方面都有较高的造诣，各种运动也不在话下，马术、滑雪、冲浪都玩得很溜。可是，他希望展现自己的国际化视野，更愿意让别人叫他的英文名——史蒂芬·赵。今天史蒂芬·赵一身藏蓝色的西装，配上他的金边眼镜，加上那副芭芭拉同款的骄傲表情，满满的胜券在握。

确实，史蒂芬·赵有胜券在握的实力。赵爸爸的科技公司本身就有些航天领域的客户，而他从小就展现出了编程方面的天赋，在许多同龄人连电脑键盘都没摸过的时候，他已经给爸爸的公司编写过小程序了。而这次，他提出的方案就是"空间站能源管理挑战"，直击空间站的关键问题，果然是眼界决定实力。

35

　　奋进学校这两年由于成绩显著，成为滨海教育界的一匹黑马。今天戚华校长也亲自带队，陆言、芭芭拉和他当年都是顶峰学校的骨干教师，他们三个语、英、数搭班，简直就是黄金组合。这几年，在戚校长的指导下，奋进学校在数学竞赛中的成绩显赫，而参加科技类的比赛，这还是第一次，一向专注于刷题的同学们既兴奋又紧张。这不，尤大志和伍理想两名主力队员在顶峰校园里迷路了，虽然尤大志日常刷题速度很快，但是跑步却没啥优势，以至于找到比赛的体育馆时他俩都急得满头大汗。戚校长却一脸严肃，口气也颇为严厉："如果今天是上战场，这就叫不战而败。"

大志和理想两人低头认错，不敢出声，谁叫他们快迟到了呢。

不过，奋进学校的参赛方案也让人眼前一亮，叫"空间站清洁大作战"。据说创意的巧思来源于奋进学校堆积如山的试卷，他们说："试卷太多了，总得找个地方去。"那么空间站里如何清理呢？于是，他们就为空间站设计了一款小型的智能清洁机器人。

棉花糖学校的参赛队伍，倒是最放松的一支。他们既没有顶峰学校的严阵以待，也不像奋进学校那样慌慌忙忙。在Y老师的带领下，顺顺利利地入场做准备。对了，虽然棉花糖学校是客场作战，但对于毕业于顶峰学校的Y老师来说，这也算是他的主场。其实，陆校长和华山老师也来了，不过怕给同学们压力，所以他们决定就悄悄去看看。

华山老师心里暗想："老陆看着淡定，果然还是不放心啊。"正想着，就看见人群中一个明晃晃的挺拔身影，那不正是芭芭拉么。上次篮球赛的余怨还在，华山老师不禁小声嘀咕道："就爱出风头，杵在那儿像根香蕉一样。"

筑梦天宫

在这个充满科技与梦想的时代，每一个看似不切实际的想法，都有可能成为改变世界的力量。而这场航天大赛，就是最好的证明。

没想到快迟到的奋进学校竟然是第一支出场队伍，尤大志虽然一直成绩优异，但是他平日里忙于埋头苦学，这样需要公开演示的经验几乎为零。走到会场，面对前排几十个评委，加上会场里密密麻麻的观众，尤大志紧张到说话都打颤："我们……我们……我们这次的设计方案是，是为空间站设计一款……"大志深吸了一口气，终于不结巴了，"一款智能清洁机器人。"

尤大志断断续续的开场，听得戚校长眉头紧锁。其他人也看出来了尤大志的紧张。见惯大场面的史蒂芬·赵自然有点不屑一顾，轻哼了一声。那位评委席上的航天专家温和地说道："嗯，智能清洁机器人，听着很不错。你能为我们讲讲这个创意的来源吗？"

大志慢慢适应了环境，开始找到了自己的节奏："就说我们学校吧，各科试卷也特别多，竟然一天下来教室里都堆满了，而同学们都很忙，大家就想，要是有个机器人能帮忙把这些试卷、作业啥的都收拾了就好了。看了空间站宇航员的生活，我们就想，宇航员每天都时间紧任务重，肯定也需要一个智能清洁机器人帮他们整理打扫。"

观众席上的同学有人笑出声："请机器人帮忙清理作业山干吗呀，请机器人帮忙做作业不是更好。"

这个疯狂刷题后的意外之喜，把评委席的一些评委都逗乐了，于是那位和蔼的航天专家就接着问道："想法很不错，我看到你们的方案里提到了考虑到空间站里的特殊环境，如失重、狭小空间等，因此要设计合适的清洁工具和清洁路径。那么你们做了一些程序设计吗，或者路线模拟吗？"

尤大志摇摇头，声音小小地回答说："时间紧，任务重，我们只完成了方案设计。"提问的评委温和地微笑着，表示有点可惜。

这下子顶峰学校参赛小组的同学给了彼此一个"我早知道会这样"的眼神，脸上露出得意的笑容，而史蒂芬·赵没有笑容，依旧是眼高于顶的冷傲表情，因为对他来说，对手实力弱是经常的事。

顶峰学校的方案确实是出手不凡，能源是支撑空间站运转的核心。这次学校的方案里提到了建立一个"空间站能源管理系统"，该系统通过管理太阳能电池板的角度调整和优化能源分配，确保空间站各个模块的正常运作。他们的方案对空间站的能源需求进行了规划，同时运用编程设计了能源管理策略。

史蒂芬·赵的演示不疾不徐，掷地有声，图文结合的 PPT 脉络清晰。在介绍完方案后，他敏锐地捕捉到了评委们脸上满意的表情。于是，他接着说："接下来我给大家演示一下整个空间智慧能源管理系统的运行模式。"这时候他准备打开之前写好的程序，结果文件提示失败，尝试了三次后，史蒂芬·赵镇定的表情开始出现了裂缝，小组其他的同学也面面相觑，毕竟史蒂芬·赵也是他们学校赫赫有名的编程大神啊。

"查查代码！"一个清脆的声音传出来，声音

41

不大，但是史蒂芬·赵还是准确地接收到了。原来是后场不远处备赛的王小飞。

史蒂芬·赵一下子缓过神来，看了小飞一眼，眼神带着感激。同样擅长编程的王小飞和史蒂芬·赵同在滨海的信息赛集训队里，彼此都是高手，自然一下子就抓住了问题的关键。

史蒂芬·赵调出源代码一看，气得简直要骂人，哦，不对，是骂自己，简直太大意了。原来是他在拷贝代码的时候，不小心碰到了键盘，多按了几个逗号，怪不得运行不了。

很快，史蒂芬·赵就调整好节奏，顶峰小组又恢复了自信的神采，完美地完成了演示。一直严阵以待站在场边的芭芭拉，脸上露出了满意的笑容。

而到了棉花糖小组出场时候，领先的王小飞抱着一个透明的长方形盒子，里面绿油油的一片，小美和刘星星不紧不慢地跟在后面，步伐坚定。其他人看见王小飞捧着的道具都十分好奇，这是把家里的菜盆搬过来了吗？

　　大家猜对了一半，棉花糖小组的参赛方案正是王小飞钻研的"太空植物培育计划"。这也是中国宇航员在空间站里进行的非常重要的科学实验之一，空间站里的种植蔬菜不仅可以通过光合作用吸收二氧化碳，生产氧气，净化密闭舱室环境；同时还可以为宇航员提供新鲜蔬果，为他们补充营养，丰富食谱。

43

　　而小飞搬着的这个"模拟太空种植箱"，就相当于对空间站里的种植箱进行一次初级复刻。在完成了初步的介绍后，评委席上有位戴眼镜的评委问道："请哪位同学说说，太空种植最大的难度是什么呀？"

　　航天博物馆之旅让大虎对这个问题印象深刻，简直都想抢答了，只见小飞坚定地说："是失重的环境，浇水和施肥都很难到达植物的根部。"

　　眼镜评委微微点头，抛出了下一个关键性的

问题："那么你们如何模拟失重的环境呢？"小飞微微一笑，像是早有准备。的确，为了解决这个关键问题，在Y老师的带领下，他们查阅了大量的资料，在学校场地和器材都有限的条件下，做了很多次实验，终于制出了可以模拟微重力环境的植物栽培箱。

只见王小飞标志性地抿抿嘴，自信地回答道："这个确实不容易，我们尝试了很多办法，最后就设计了这个水平回转装置，通过让整个栽培箱不断地转动来……"回转装置作为一种模拟微重力效应的地面实验设备，虽然在实验室里很常见，但是这群学生们却能把它用在实际操作中，确实令评委们十分意外。

"您看，我们成功了，这是我们这几个月种出来的生菜。"小飞说着，很开心地伸出双臂，把种植箱靠近评委席。凑近一看，评委们看到种植箱上还贴着标签，上面有种植箱的编号"021"，品类是生菜，育种时间是一个月前，负责人是王小飞和马大虎。

这时候，王小飞和刘星星也在投影上展示他们的实验过程，看着一排挂着的实验箱，原来这箱蔬菜不过是他们实验的成果之一。而在实验设计上，他们还特别提到了如何设计一套特殊的基质和供水系统，利用毛细效应让水分均匀分布在植物根部，这样的专业解释让评委们颇为满意。Y老师也在场边给队员们比了"耶"。

45

最后，王小飞的总结陈词燃爆了全场。他眼神里透着光，神情坚定地说："我听过一句著名的话，人类的一小步，世界的一大步。太空种菜让我们的深空探索计划更进了一步，能够为我们国家未来的载人登月和火星着陆任务做准备。"听完，棉花糖学校这边观众席上立刻响起了掌声，评委也被王小飞的热情感动，跟着鼓起掌来。

果不其然，这次大赛棉花糖小组客场胜出，勇得第一名。听到比赛的结果，华山老师热烈地鼓起掌来，陆校长一脸淡然的笑意，不过熟悉陆校长的人都能看出来他对孩子们的表现很满意。

陆校长轻轻地拍了拍芭芭拉说："孩子嘛，输赢都是成长。"芭芭拉虽然满心的不服气，但是对于一直敬重的老大哥，也不好说啥。对于一直想着爱拼才会赢的戚校长来说，倒是带来不少冲击，爱拼，也要找准方向才对！

赛后，几位校长和带队老师与评委们交流复

盘。评委们认为，奋进学校的方案最有创意，不过遗憾的是，他们止步于方案，没有更进一步的实践。顶峰学校的方案漂亮精致，还专门开发相应的程序，可见队员的优秀素质。可是，比赛过程发生了小插曲，错误的原因正是过于自信，而且他们现场的表现也显得遇到困难缺乏韧性。在航天领域，任何一个微小的问题，都可能酿成大祸。

棉花糖学校的方案看似简陋，却充满了科学探索精神。从他们的报告来看，他们一直坚持动手实践，太空种植需要很多不同学科的综合知识，孩子们边实践边学习，彼此合作，遇到问题想办法解决问题，一次不行再来一次。这些都恰恰体现了这次航天科技大赛的初衷，不仅是让孩子们了解航天领域的知识和技能，更是希望燃起他们探索的热情和孜孜不倦的实践精神。因为，在人类追逐星际梦想的道路上，创新、勇气、团队合作和解决问题的能力才是通往成功的关键。

47

1957	1961	1969	1970

苏联成功发射了第一颗人造卫星"斯普特尼克1号"。

苏联宇航员尤里·加加林成为首位太空人。

美国宇航局的"阿波罗"11号任务成功，人类首次登上月球。

中国发射"东方红一号"，成为第五个发射卫星的国家。

2011	2012	2013

中国成功发射首个空间实验室"天宫一号"。这标志着中国开始建立自己的空间站。

美国商业航天公司SpaceX 的"龙飞船"成功完成首次为国际空间站送货任务。

中国"嫦娥三号"月球探测器成功着陆，中国成为第三个实现月球软着陆的国家。

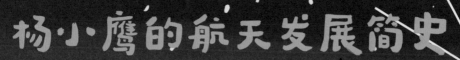

杨小鹰的航天发展简史

1971

苏联发射首个空间站——"礼炮1号"。

1981

美国首发可重复使用的航天飞机——"哥伦比亚号"。

1998

国际空间站建设，该项目由16个国家共同建造、运行和使用。

2003

中国发射"神舟五号"，杨利伟成为首位进入地球轨道的中国航天员。

2021

中国火星探测器"祝融号"成功着陆，中国成为继美国之后第二个在火星表面成功登陆的国家。

2022

中国"天宫空间站"基本建成并开始有人驻留。

2024

中国"嫦娥六号"实现世界首次从月球背面带回土壤样品。

王小飞的学习笔记

1. "航天" VS "航空"

我们经常说"天空",而实际上"天"和"空"是两个完全不同的概念。那到底如何区分"天"和"空"呢?在航天航空领域,我们把距离地面100千米高度称为"卡门线"(Kármán line),低于这条线飞行,就叫做航空,而高于这条线飞行,则称为航天。为什么要这么规定呢?因为在卡门线之内,飞行器可以依靠空气动力来飞行。而越过了卡门线后,因为空气密度太低,任何物体想要保持飞行状态,就只能想其他办法啦。

航空领域有各种飞行器,像飞机,直升机,包括现在非常热门的低空飞行器,还比如风筝、孔明灯、热气球,还有文中的"纸飞机"。人类航空的历史可以追溯到19世纪末到20世纪初,当时的飞行器主要是基于较轻的气体（如热气球）或动力飞行（如莱特兄弟的飞机）。

航天那就是宇宙探索，飞出地球，飞向太空。航天领域的应用则更为广泛，包括卫星通信、地球观测、导航定位、深空探测、国际空间站科学实验，甚至未来的太空旅游。航天的发展则始于20世纪中叶，尤其是第二次世界大战后，冷战促进了美苏两国在航天技术上的竞争，标志性事件包括苏联的人造卫星"斯普特尼克"和美国的阿波罗登月计划。

2. 逃逸速度

要想知道如何飞出地球，这里需要知道一个重要的物理概念——逃逸速度。

逃逸速度就是任何物体离开一个星球而不被重新吸引回来所需要的初始速度。对于地球而言，这个速度是 11.2km/s。

为什么逃离地球需要这么快的速度呢？因为地球的引力比较大，只有达到了逃逸速度时，物体才有足够的离心力来抵抗地球的引力。那么，引力比较小的星球，逃逸速度是不是就小一些呢？是的，月球的逃逸速度就小得多，只需要 2.4km/s 就可以了。

你们知道脱离太阳系飞向其他星系，需要的逃逸速度是多少吗？如果从地球起飞，这个速度需要达到 16.5km/s，就是差不多每小时 6 万千米，是不是很夸张！

3.NASA

要了解航天，就要了解大名鼎鼎的 NASA —— 美国宇航局，全名是 National Aeronautics and Space Administration，简称 NASA，可能你在很多科幻电影中已经看到过 NASA 的身影。

作为世界上最权威的航空航天科研机构，

NASA 成立于 1958 年，总部设在美国马里兰州的兰德尔空军基地。NASA 有 20 多个研究中心和机构，分布在美国不同的州和城市，如休斯敦的林登·约翰逊航天中心，佛罗里达的肯尼迪航天中心等。

在 1969 年"阿波罗 11 号"任务中，奥尔德林和阿姆斯特朗驾驶着装有"Eagle"登月舱的指挥舱"Columbia"，于 7 月 20 日成功登上月球表面。他们在月球上徒步移动，进行了一系列科学实验，并用一个小镜头拍摄下了历史性的"第一步"照片。之后阿波罗计划共完成了 6 次成功登月任务。

NASA 建造的国际空间站目前有多个模块，包括美国部分、俄罗斯部分、日本实验模块等。宇航员可以在里面长期工作和生活，进行各种科学实验。NASA 还开发了精致的火星车"机会号"和"精神号"，它们曾在火星表面工作多年，给我们传回了大量宝贵数据。未来，NASA 计划在 2028 年前把第一批宇航员送上火星，开启人类登陆火星的新纪元。

4.SpaceX

SpaceX 是一家很酷的太空公司，它的老板叫埃隆·马斯克，他同时也是现在全球最大电动车厂商特斯拉的老板。马斯克是个非常有趣的大叔，他对于自己想做的事情非常坚定，无论开始的时候这个想法看起来多么荒谬或是遥不可及，他也会排除万难一点点向着理想前进。

SpaceX 想让人类能够到其他星球去，比如火星！而为了去火星，SpaceX 做了很多的创新，其中开发可重复使用的运载火箭就是它的一个非常重要的创新，因为火箭可以回收重复使用，就大大节省了成本，这也让普通人的太空旅行不再遥不可及。

　　SpaceX 的发展历程充满了创新。2008 年，SpaceX 成功发射了第一枚"猎鹰 1 号"火箭，开启了它的太空探险之旅。2010 年，SpaceX 成为首家成功将商业货运飞船对接国际空间站的公司，为太空探索做出了重要贡献。2020 年，SpaceX 还成功完成了首次载人航天任务，把美国宇航员送往国际空间站，这是美国自 2011 年航天飞机退役后，首次使用美国火箭和飞船从本土将宇航员送往空间站，也就是 SpaceX 接手了原本由 NASA 执行的任务。

　　SpaceX 的远期目标是研发更大的"星舰"超重型火箭，它将直接把人和物资送上火星。SpaceX 工作效率很高，经常可以把其他公司十年完成的事情一年就完成。他们的技术真的太前卫了，一定会给我们更多的惊喜。

5. 长征系列火箭

如果要进行航天飞行，那么首要的运载工具就是火箭。长征系列火箭是中国航天事业的主力运载系列火箭，由中国航天科技集团公司研制生产。长征系列火箭在中国航天发展历程中扮演着重要角色，不断推动中国航天技术的发展和进步。每一次成功发射都标志着中国航天事业的新里程碑，展示了中国航天工程师的技术实力和创新能力。

6. 中国航天主要成就

2003 年 10 月 15 日，第一艘载人飞船"神舟五号"搭载中国首位宇航员杨利伟顺利升空。"神舟五号"在轨运行 14 圈后顺利返回地面。

中国是世界上第三个拥有独立载人航天能力的国家，已经成功发射了 17 次载人飞行任务，建造了天宫一号、天宫二号空间实验室，正在建设天宫空间站。

中国是世界上第二个实现月球软着陆和巡视探测的国家，已经完成了"嫦娥一号"至"嫦娥五号"的月球探测任务，实现了对月球背面和南极区域的首次探测，从月球取回了 1731 克岩石样本。

中国是世界上第三个实现火星探测的国家，天问一号探测器成功着陆于火星乌托邦平原，部署了祝融号火星车，开展了火星表面的科学考察。

中国是世界上第四个拥有独立全球卫星导航系统的国家，北斗卫星导航系统已经建成并向全球提供服务，共发射了 59 颗北斗卫星，覆盖了全球 200 多个国家和地区，为超过 10 亿用户提供高精度、高可靠的定位、导航、授时服务。

Y老师的思考题

1. 孙悟空的飞行是算航天还是航空呢？住在凌霄宝殿里的玉皇大帝，他要是出门是航天还是航空呢？为什么呢？

查理：

孙悟空在地面飞算是航空，大闹天宫肯定算是航天！

王小美：

我觉得都是航空，你看孙悟空和玉皇大帝都不用穿宇航服，还能正常呼吸、说话，说明空气很多嘛，那就是没有过卡门线。所以都是航空！

2. 为什么人类需要探索火星？

查理：

我们应该探索火星，因为这有助于我们了解宇宙中的生命是否存在，而且火星可能是人类未来的家园。

王小美：

探索火星花费巨大，我们应该将资源用于改善地球上的问题，如贫困和环境破坏。

59

3. 太空旅行是否应该商业化？

查理：

当然应该，这会加速技术发展并降低成本。

王小美：

不应该，商业化可能导致资源不公和环境问题。

4. 我们是否应该尝试接触外星文明?

查理：

当然，这可能是人类最伟大的发现。

王小美：

不应该，这可能带来我们无法预测和处理的风险。

5. 太空探索的预算是否应该增加?

查理：

应该，投资太空探索能带来科技进步和新的发现。

王小美：

不应该，更多的资金应该用于教育和医疗。

一起动手吧

1. 水火箭

同学们听说过水火箭吗？可以参考下面的步骤动手做一枚试试，也可以叫上小伙伴玩，大家还可以比试一下哦！

61

水火箭的基本组成

（1）**瓶子**：一般使用 1～2 升的塑料饮料瓶，这将作为火箭的主体。

（2）**水和空气**：火箭的"燃料"是水，加入适量水（一般填充瓶子的三分之一到二分之一），其余部分压缩空气。

（3）**喷嘴**：瓶子的瓶口即作为喷嘴，通过控制喷嘴的大小可以影响火箭的推力和飞行高度。

（4）**尾翼**：可以用硬纸板或塑料片制作，帮助火箭在飞行中保持稳定。

(5) 发射台： 需要一个发射台来固定火箭并安全释放压力，发射台可以简单制作，或使用专业的水火箭发射设备。

制作和发射步骤

(1) 制作尾翼： 根据设计剪出尾翼，使用胶带或胶水将尾翼固定在瓶子底部（即将成为火箭的顶部）。

(2) 添加燃料： 将约三分之一的瓶子装满水。

(3) 准备发射台： 将火箭瓶倒置，嘴部固定在发射台上。使用自行车泵或其他空气泵给瓶子内充满空气，直至达到足够的压力。

(4) 发射： 当一切准备就绪后，迅速释放发射机制，水火箭会因为压缩空气的推力喷射而上升。

学习目标

　　物理原理： 学生可以通过实验观察到作用力与反作用力的关系，了解气体压力如何将水推出喷嘴产生推力。

2. 设计未来的太空站

　　动手设计未来太空站的模型，考虑如何支持生命系统、能源供应和科学实验等功能。

3. 太空探险日记

　　写一份关于虚拟太空探险的日记，包括规划任务、选择设备、遇到的困难和解决问题的方法。

4. 制作太阳系模型

　　制作一个太阳系的三维模型，更好地理解各行星的位置、大小和距离比例。

5. 空间垃圾清理方案设计

思考并设计一个创新的方法来解决太空垃圾问题，可以是一个科技创意、新设备或政策提议。

联系 Y 老师

同学们，上面的思考题，Y 老师都希望你都可以想一想试一试，如果你有什么好的想法，或者遇到什么困难，也欢迎你随时联系 Y 老师。

我在这里等你哦：公众号"少年 AI 漫游指南"

邮箱地址：AskTeacherY@outlook.com

二

自动驾驶篇

自动驾驶争霸战

引子

　　从人类发明汽车开始，人类大大扩展了出行的范围，驾驶技术变成了一个重要的技能，随着出行工具的不断发展，驾驶这些工具已经成为一种职业。不仅仅是开巴士、出租车、卡车等车辆的司机，还包括地铁司机和飞行员等职业。

　　现在，自动驾驶技术的出现将彻底改变交通领域。自动驾驶汽车可以减少交通事故，提高交通效率，节约能源，改善环境等。我国出台了支持自动驾驶技术发展的政策，大型科技公司如百度、腾讯、阿里巴巴和华为都在积极投入自动驾驶领域。在北京上海的街道上，无人快递配送车忙碌地穿梭着。

自动驾驶技术的发展不仅仅是交通方式的变革，也是中国科技实力不断增强的展示。

在航天大赛的交锋之后，滨海三大学校都开始重视学生的科技素养培养，来看看这次自动驾驶大赛中，同学们带来的惊喜吧……

校园偶遇

伴随着欢快的旋律回响在棉花糖学校的上空，那些还没有回到课室的同学们也不由得加快了脚步。

"阿星，你知道我今天怎么回来学校的？"说话的是马大虎，那一副表情妥妥的"你快来问我啊，我有好多事情想要显摆"的样子。

刘星星看着马大虎的样子，很无奈地配合道："说吧，大虎，朕听着呢。"

"不是，我是让你猜啊！"马大虎有点着急，这对话的展开方式不对啊。

"你是坐车回来的。"一道清冷的男声从背后响起，回头一看，果然是冷面学霸王小飞。

"没错……哎呀，我不是这个意思，我是说这个车很特别！"马大虎真的有点着急了，心里不断地吐槽，这关子卖得也太累了。

"你们几个在这旮旯儿磨蹭啥呢，赶紧走啊！"一听这一口东北大碴子，就知道肯定是查理来了。

他今天也有点迟，于是一边催着大家赶紧走，一边看向马大虎："你说的特别，是不是自动驾驶啊？"

"没错，还是查兄弟懂我，哈哈！"马大虎如释重负，总算有人接住了。

"是查理！"查理没好气道，"这有啥啊，我刚看到你下车，你坐的那个牌子的车，自动驾驶技术老先进了，据说已经是L5级别了吧。"

马大虎听到这个，又开始来劲了："是啊，L5才是真正的自动驾驶，司机基本上是个摆设。我跟你说，你可以一边打游戏，一边开车，那玩意儿老得劲了。"

几人正聊着，就看到Y老师迎面走了过来，

还是熟悉的一身运动装，还是熟悉的阳光气息。

正当几人想要跟Y老师打招呼的时候，猛然发现教导主任华山老师也在旁边。

华山老师据说是一个练家子，一身的硬气功，加上那副别人永远欠他100万的表情，真正的生人勿近。

四人赶紧打了招呼，然后如同遇到礁石的水流，丝滑地从走廊边上"溜"了过去。

69

"你们几个等一下"，听到这一声，几人不禁身子一僵，回头一看，是Y老师。

只听 Y 老师说道："今天下午放学，你让所有科技小组的同学们留一下，有事宣布。"

这时候华老师也开口了："下次不要这么晚到校，容易迟到。"

几人连忙点头，然后转身飞快地跑回了课室。

"这些个家伙，一个个的都不让人省心，"华山老师看着几人的背影，对 Y 老师道，"这次的自动驾驶比赛，靠着这帮小崽子，有几成把握能赢？"

Y 老师略一沉吟笑了笑道："不好说。上次的航天大赛，咱们虽然赢了，但是各个学校的水平其实都很接近，咱们并没有什么绝对的把握。"

"是啊，"华老师蹙眉道，"顶峰和奋进，这次可是铆足劲要扳回一城啊。说起来，老陆也真是心够大的，也不担心被他的两个老同事超过了。"

Y 老师笑道："我倒是觉得这样挺好的，轻松一些，孩子们不是玩得挺开心的嘛。"

华老师欲言又止，用手指了指 Y 老师："你们两个真是……反正啊，这次的比赛很重要，有不少新闻媒体报道，影响很大。咱们要抓住这次机会，好好地把咱们棉花糖的名声打出去！你可别给我掉链子啊！"

Y老师笑着拍了拍华老师的肩膀："您老放心吧，我一定让这帮孩子拿出最好的水平！"

无法确定方案，怎么办？

时间过得很快，下午放学后，科技兴趣小组的同学们就来到活动室等着Y老师。

Y老师推门进来，简单打了个招呼，就宣布了一个重磅消息：滨海市将要举行中学生自动驾驶大赛。

同学们听到这个消息，兴奋极了，课室里的噪声一下子从 60 分贝超过了 90 分贝。

Y 老师无奈转身，操作了一下大屏幕，很快，一个关于这次比赛的宣传视频就开始播放了。随着视频的播放，课室里的音量也一下子降了下来。

"……预祝大家在比赛中取得良好的成绩！"

随着铿锵有力的音乐和解说员高亢的声音，宣传片结束了。

"大家也都看到了，这次的自动驾驶大赛是在固定赛道上，用小型无人模型车进行竞速比赛，也就是说，这是一场赛车比赛，比的是速度。另外，主办方提供了一套自动驾驶的开发平台，所有参赛队伍都要使用这个平台来开发自己的解决方案。"Y 老师总结了一下几个比较重要的部分。

这次比赛的设置确实有点出人意料。一般来说，自动驾驶比赛就是在一个场地里设置一些障碍物，甚至有一些活动的障碍物，然后考察车辆是否能够顺利地自主通过。像这种类似 F1 赛车一样的竞速比赛，确实挺创新的。

"就是无人驾驶版的迷你四驱车比赛喽。"马大虎总结道。其他几个男生也纷纷点头。

作为游戏迷的他们，对这种迷你四驱车非常熟悉。

"比赛用车的大小是跟迷你四驱车差不多，是吗？"王小飞推了推眼镜，第一个发出疑问。

"要大一些，不过车身的长宽高都有严格规定，重量也不能超标。"Y 老师点头。

"但是，这样一来自动驾驶需要的处理器要怎么搭载呢？"王小飞皱眉问道。

其他同学也是连连点头，这也是他们的疑问。

"这次比赛允许使用场外的电脑来指挥车辆，但是比赛期间，场外电脑只能预设指令，不能由任何人实时操控车辆。"Y 老师讲解道。

看到大家没有疑问，Y 老师又调出一个看上去不算太复杂的三维模型："这个是这次比赛的场地，有直道、弯道和上下坡的设计。"

"这个看上去好简单啊，那还要什么自动驾驶啊，咱们只要把这个赛道的资料输入电脑里，车子跟着走不就行了。"马大虎有点兴致索然了。

"恐怕没这么简单，"王小飞眼睛直视大屏幕道，"赛道的材质，平整度，都会影响车辆的实际运行。而且，一场比赛是四辆车一起跑，每一台赛车都会影响其他赛车，也会被其他赛车影响，还有很多意外情况。这些没办法用一段简单代码来实现，只能用智能化的自动驾驶软件才能完成比赛。"

Y老师点点头道："比赛在一个月后举行，要制作参赛车辆，还要熟悉开发平台，优化代码，时间会非常紧张。不过当务之急，还是先确定一下大家的分工。"

大家已经不是第一次合作，彼此都很了解，

很快就完成了分工。

一共分成了三组，第一组是马大虎和查理，负责参赛的车辆制作；第二组是王小飞和刘星星，他们主要负责自动驾驶核心的软件；第三组是王小美和杨小鹰，负责测试场地的准备。

杨小鹰分到和小美一起搭档，特别开心，她们俩平时就是形影不离的好朋友。杨小鹰是班里爱笑的开心果，热爱科学的她还是个书虫。这次她和小美搭档，准备让大家见识下女生组真正的实力呢。

到了周末，同学们又来到活动室碰面了。虽然大家都有一些进展，但是明显无法同步。

进展最快的是第三组，她们做了一个赛道，虽然不是一比一复刻，但跟正式赛道相比，应该有的一个没少。同时，她们还考察了学校已有的道路和地形，规划了一些可用的路线。

其次是第一组，他们已经找到了几台符合比

赛要求的车辆，同时对车辆的动力和操控等等都做了一些优化。他们在现场还演示了一下模型车的操控，确实非常灵活，速度也很不错。

不过，因为自动驾驶的总体方案还没确定，第一组的工作也只能先停了下来。

最后是负责软件的第二组。这次主办方提供了基础的开发平台，但是说到底还是要做不少优化和整合的工作。而且，自动驾驶的软件，其实跟硬件的关系极大。王小飞他们研究了几天，对比了好几种目前的主流方案，但始终没办法定下来。

Y老师听了大家的进度后，意识到核心问题是总体技术方案的确定。

"到底是纯视觉方案，还是用雷达的方案，要不要结合定位和地图数据，识别了路况后要用什么方式来做出判断……"王小飞顿了顿，继续平静地说，"都要统合起来考虑，复杂度很高。"

其他同学听到这些，不由得倒吸一口冷气。

他们虽然说已经恶补了很多基础知识，但是面对自动驾驶这么专业的领域，还是越了解越发现自己的无知。

"时间来不及啊……"

"要不，咱们去找找成熟的解决方案？"

"这种模型赛车应该没有直接能用的，怎么都需要移植。"

"要不还是用大虎的办法，直接输入赛道信息，然后冲就完了，简单、直接。"有人甚至直接把之前的办法拿了出来。

Y老师等大家讨论了一会儿，也发表了自己的看法："严格来说，大虎的那个思路也不是完全不可取，但是这样一来，就是把比赛交给运气了。"

Y老师扫视了大家，鼓励道："我认为还不需要那么沮丧，目前的核心难点是咱们的知识储备不够，所以才会觉得没法下手。事实上，开源社区还是有不少优秀的解决方案可以利用。"

"那怎么办，就算王小飞24小时不睡觉，也来不及啊。"马大虎道。

"我已经联系了未来之轮公司的研发中心，他们是自动驾驶方面的专家，咱们明天就可以去参观，还能跟行业大牛面对面交流！"

Y老师的大招来了！

"耶！太棒了！"所有人欢呼起来，经过上次的航天博物馆之行，同学们已经体会到跟专业人士交流的价值。

这次，他们带着问题过去，一定会有很多收获的。

未来之轮研发中心

第二天正好是星期天，大家一起来到滨海高新技术开发区门口。

迎接大家的是未来之轮的李工。

李工是一个有点腼腆的大男孩，看上去年纪跟Y老师差不多大。

就在大家疑惑为什么不直接到研发中心的时候，就看到一辆能乘坐十多人的中巴稳稳地停在了大家的面前。

大家马上就注意到，这辆车居然没有驾驶员！

"我们未来之轮公司，就是专注于自动驾驶技术的公司。为了采集更多的数据，完善我们的系统，同时也能方便开发区的人员交通，我们就在园区投放了十多辆无人驾驶的公交车。大家可以近距离感受一下自动驾驶的魅力。"李工介绍道。

上车后，这辆无人驾驶的公交车就开动了。一路上无论是遇到红绿灯，还是车辆行人，车子都能正常地行驶，跟人类司机驾驶几乎没有区别。

查理、马大虎、刘星星他们几个挤在驾驶位的旁边，看着方向盘自己转动、刹车和油门的踏板自己踩下和放开，就好像有一个隐身人坐在驾驶位上一样，感觉非常神奇。

"这个比我上次坐的车还厉害啊，我那个还必须有人坐在驾驶位上，手还不能总是离开方向盘。"马大虎惊奇道。

"在开放环境的自动驾驶，目前都需要人类驾驶员来监督。"李工解释道，"我们这里之所以可以完全不需要驾驶员，是因为这是一种运行在固定线路、固定场地上的行驶模式，无人驾驶技术在这种情况下，已经完全能够做到安全驾驶，有时候甚至比人类驾驶员的表现还要出色。"

大家伙聊着聊着，很快就来到未来之轮的研发中心。这里占地面积很大，除了一座大型的玻璃体建筑外，看上去就好像一座公园，到处绿树如荫。

81

李工指着路上不时经过的大大小小的车辆和头顶上飞过的无人机跟大家介绍道："自动驾驶技术在我们公司内部已经广泛应用，现在大家要送点东西，拿个资料什么的，一般都不用人亲自到，这些自动驾驶的无人车、无人机已经完全能够胜任了。"

接着大家又参观了自动驾驶的研发实验室，有的实验室在研究传感器，有的研究画面的识别和处理，还有的在训练用于自动驾驶的人工智能程序等等。

有一些实验室感觉就是一群大孩子在玩游戏，但其实他们正在进行着专业的技术研发。这些都让棉花糖学校的同学们大开眼界。

最后，同学们来到一个小型的工作间，这里有会议桌、电脑、工作台，地面则画了好多类似公路一样的车道和标志标线，房间里还有好多大大小小的遥控车、游戏手柄和叫不出名字的各种零件，最后大家居然看到了一台桌面级的数控机床和一台 3D 打印机。

这可把大家伙给兴奋坏了，这里摸摸，那里看看，都觉得很新奇。

李工让大家坐下，指着房间里的各种设施道："这里是我们的模拟仿真和教育工作室，我听郑老师说咱们参加了这次的滨海市的自动驾驶大赛，觉得咱们在这里沟通起来效率更高。"

Y 老师也跟同学们说道："咱们先让李工给咱们

讲解一下自动驾驶的一些基础知识，然后大家把这些天解决不了的技术问题好好请教一下李工。"

看到同学们都安静了下来，李工开始一边在白板上写写画画，一边随手拿起房间里的各种车辆、零件讲解了起来。

原本看起来异常复杂，几乎无从下手的自动驾驶解决方案，在李工的拆解下，显得简单起来。

其实自动驾驶的核心技术有三项，即感知——我周围什么情况，决策——我要做什么，执行——我怎么做。

概括起来感觉很简单，然而深入进去就会有无数的技术话题和难点。

譬如感知的部分，要能够感知周围，就必须使用传感器。到底要什么类型的传感器呢？是使用摄像头这样的跟人类感知近似的视觉方案，还是用超声波雷达、毫米波雷达、激光雷达之类的装置，或者其他类型的传感器，都大有学问。

又譬如决策的部分，无论是图像还是其他类型的数据，都要变成能够被系统理解的信息。那么图像的识别就变得非常重要。

类似这样的技术话题有很多很多，一个下午的时间显然没办法全都说清楚。

所以，在简单介绍了一些关于自动驾驶的基础知识后，王小飞他们就迫不及待地请教起了技术方案的问题。

"所有的技术方案，都是要解决特定的现实问题。咱们现在的问题是什么呢？"李工问大家。

"要赢！"马大虎脱口而出。

大家听到这个答案也都笑了起来，这不是明摆着的事情嘛。

谁知道李工却很赞赏："非常好，那么，如果要赢得这场比赛，我们需要达成什么条件呢？"

"我们要比其他人更快。"王小飞道。

"所以，我们……"

不等李工说完，查理大声道："那就不能撞车，不能翻车，不能走错路……反正就是既要速度快，还不能出意外。"

听到了顺口溜，大家伙都笑了起来。

李工认同地点了点头："非常好！所以，你们这次要训练的是一个赛车手，而不是一个普通的司机。这就决定了你们的技术方案必须要满足这个要求。"

接着，李工在电脑屏幕上调出了一个界面："这次主办方提供的自动驾驶开发平台，是一个开源的技术平台。这个平台的功能很强大，就算不做太多改动，只使用开发者提供的示范数据，也能让车子跑起来。而且，这个平台还与许多遥控车做了技术接口，可以说开发难度不高。"

王小飞很快就意识到了不对劲："但是，这样的自动驾驶程序只是一个普通的司机，并不是一个赛车手啊！"

李工欣赏地点了点头："是的，这样的自动驾驶程序会循规蹈矩地把车子开到终点，因为安全是第一位的。"

"那要怎么办啊！"马大虎有点抓狂，"难道要重新开发程序？来不及吧！"

看着李工和Y老师波澜不惊的样子，一直没说话的王小美发话了："你们别闹了。"她对着李工道："那要怎样才能把一个普通的司机变成一个赛车手呢？"

李工道："很简单，训练它！"

接着李工说出了自动驾驶技术的一个很大的特点，那就是充分的训练。

跟一般人的想象不同，自动驾驶技术并不是完全依靠软件的算法，还必须进行充分的训练。

自动驾驶程序就像一个什么也不懂的孩子，你怎么教他，他就会怎么做。

"也就是说，如果我们每天让他像一个赛车手一样去开车，他就会变成赛车手，对吗？"刘星星有点期待地问道。

"是的，"李工打趣道，"而且，越是高手训练出来的水平越高，而菜鸟训练出来的，水平肯定会菜一些喽。"

看到同学们已经理解了这个核心理念，李工又跟同学们一起确定了技术方案的一些细节。

紧张备战，各显神通

随着技术方案的落地，一个星期以后，一套可以实现自动驾驶的软件系统和遥控模型车就摆在了活动室的工作台上了。

为了模型车的改装，马大虎和查理还专门借来了一套 3D 打印机，打印了固定线路板、传感器和控制器的支架，以及一套帅气的外壳，简直科技感十足。

这时，马大虎正洋洋得意地跟整个团队介绍车子的特性："前后一共四个视频摄像头，两个毫米波雷达，改装了全新的马达，时速最高可达 35 千米，降低了车身高度，增强了稳定性。最后，我们还加装了 5G 通讯模块，数据传输速度可以超过 300 兆 / 秒……"

"先别吹了，赶紧上赛道测试测试吧！"王小美丝毫不惯着他，直接催着马大虎他们把车子放到了外面的赛道上。

其实，这段时间无论是车子还是系统都已经测试了很多回。而马大虎他们也轮流上场，用手柄操控这台遥控车在赛道上跑了好多圈，目的就是把这个自动驾驶程序训练成一名合格的"赛车手"。

经过一番准备，车子顺利地在赛道上跑了起来。

大家伙一看时间，还真不错，经过这个星期的优化，车子的圈速已经能够突破3分钟了。

现在的自动驾驶程序已经非常熟悉场地和车子的性能，可以做到快速安全地跑完全程。

这时，Y老师宣布进入第二阶段的训练。看着其他人一脸茫然的样子，王小美解释道："比赛的时候，并不是只有咱们一台车在跑。这么训练下去，咱们这样训练出来的不是赛车手，只是一个很熟悉道路情况的老司机罢了。所以，我们需要一个对抗的训练环境。"

然后，大家被带到几台电脑面前。

"我和杨小鹰找到了这个自动驾驶的仿真测试平台。在这里，我们建设了一条跟比赛赛道一样的虚拟赛道，还把咱们的车子的数据放了进去。"

还没等王小美说完，几个男生就迫不及待地坐在座位上，拿起了游戏手柄。看着几人的表现，王小飞和两名女生对视一眼，都无可奈何地摇摇头，男生们就喜欢打游戏！

就这样，棉花糖队开始了他们的第二阶段训练。

同样的，在奋进学校的校园里，戚华校长也非常关心自动驾驶比赛的准备情况。

在校园里的一个角落，尤大志正带着几个同学在进行系统测试。

"我觉得这个弯道的速度还可以再快一点，你们再测算一下。"尤大志手扶着黑框眼镜道。

"好吧……不过，要是前面有车的时候，车子要怎么修正路线呢？"发出质疑的是伍理想。

"很简单，我们只要始终保持在最佳路线上，就肯定能跑出最好成绩。"尤大志自信满满地说道。

"很好，"说话的是一身中山装，戴着黑框眼镜的戚华校长，"不过，我认为我们还要训练系统在有障碍物的情况下，依然能够找到最正确的行车路线。这样，你们在几个关键位置摆上障碍物，也让系统找出最优路线。"

91

在戚华校长看来，任何事情都存在一个唯一正确的答案，而找到这个答案则是学生最重要的能力。

大家点点头，赶紧开始在赛道上布置了起来。

此时，在顶峰学校的体育馆中，一个跟比赛赛道完全一样的测试赛道赫然摆放在场地中央。在赛道旁边则摆放着一个一人多高的机柜，里面整整齐齐地摆放着七八台服务器。

女魔头芭芭拉双手交叉在胸前，正冷眼看着赛道上急速狂奔的模型车。

上次航天大赛的失利虽然不是什么特别大的事情，但是对于一向要强的芭芭拉来说，那就是天大的事情。特别是一想到陆言一脸的毫不在意，她就满心的不甘。

不过这次，她有着相当的信心。因为，她相信自己没有输的理由。

她不但找到顶级的自动驾驶实验室辅导学生们制定了方案，而且不惜花重金组建了强大的软硬件系统。

"芭芭拉校长，经过优化，我们的最新圈速已经突破1分30秒，远远超过我们的对手。他们，没有机会了！"说话的是身材高大的队长史蒂芬·赵。

"史蒂芬·赵，我们要的不光是战胜对手，我们要的是，完美！"芭芭拉霸气道。

比赛开始！

时间很快来到了比赛日。

在 Y 老师的带领下，棉花糖学校的同学们早早来到比赛场地——滨海市体育馆。

体育馆中人声鼎沸，来自全市 16 所中学的队伍将会在这里进行两轮的淘汰赛。从之前的抽签结果来看，棉花糖、奋进和顶峰三所学校在初赛中抽到了不同的组别。这意味着，不出意外的话，他们又会在决赛中有一番较量了。

"可别输给别人，你们注定要由我们顶峰来打败！"史蒂芬·赵走到棉花糖队的面前，甩下一句话后，帅气转身离开。

"莫名其妙！"棉花糖学校的众人面面相觑。

查理朝着史蒂芬·赵的方向抬了抬下巴，众

人随着查理指示的方向看去，赫然看到一个黑色机柜，还有一大堆专业器材、屏幕。由于器材太多，顶峰把旁边学校的位置都占去不少。

不过，好在其他学校大部分也就是一两台台式电脑或者手提电脑，倒是也不太影响。

"真是财大气粗啊！"马大虎啧啧道。

王小飞推了推眼镜，冷声道："学渣文具多。"然后径直向着预定的位置走了过去。

比赛很快开始。初赛阶段没有什么悬念，奋进、顶峰和棉花糖三所学校都顺利晋级。

而表现最为亮眼的则是顶峰学校，他们创造的最快圈速足足比第二名的奋进中学快了 10 秒，达到了 1 分 35 秒。

在众人的惊叹声中，只有顶峰学校的人知道，他们是在胜券在握的情况下放水了。这么做，当然是为了在决赛中给其他人，特别是棉花糖队致命一击。

四场初赛后，紧接着就是决赛。决赛跟预赛一样，一共跑十圈。

棉花糖、顶峰、奋进和滨海一中的参赛车辆被放在了起跑线。随着绿灯亮起和"咚"的一声提示音，比赛正式开始。

四辆车"嗖"的一声窜了出去。

赛道一开始是一段长长的直道，而之后则是一个大大的弯道。所有人都知道率先入弯的车辆，将会抢到更好的位置，从而获得巨大的优势。

不出所料，顶峰学校和奋进学校先后入弯，分别抢占了第一和第二位。

"他们速度也太快了吧，服务器能算得过来吗？"刘星星突然问道。

眼睛一直盯着屏幕的王小飞，头也不抬地回道："顶峰的服务器没问题，关键是奋进，他们的行车状态有点奇怪，跟的有点太近了吧……"

顶峰学校的车真快！

听到王小飞这么说，大家认真地去看奋进的模型车，确实发现他们好像根本不管前面有没有车。

很快，顶峰学校的赛车不断地刷新着圈速，而第二名的奋进的赛车则紧随其后。

随着圈数的增加，顶峰学校的优势越来越明显，与第二名奋进学校的赛车之间的距离也开始越拉越大。

突然，当两车距离达到 20 厘米的时候，奋进学校的赛车突然做出了一个偏转的动作，然后就一直保持在了外圈！

这样一来，奋进学校的赛车与前车的距离更是被迅速拉远。

全场发出了一阵惊呼。

其他人不知道为什么，但是奋进中学的几人很快就明白了怎么回事。

"是障碍物训练！"伍理想绝望道。

因为他们采取的是摆放障碍物的训练，所以，当两车距离达到一定程度时，躲避障碍物的指令被触发。而由于前车一直处于前方，所以被系统视为障碍物，更是采取了避让的策略。

虽然不明白是怎么回事，不过棉花糖学校还是在第六圈超越了奋进，来到了第二位。

不过此时，棉花糖与顶峰之间的差距足足有半圈之多，想要追上去并不容易。

还有机会吗？

峰回路转，棉花糖险胜

没有了追兵的顶峰，更是开足了马力，再次刷新了最快圈速。

此时，一直如同小透明一般的滨海一中的赛车已经远远落后前三名，更是被顶峰和棉花糖迅速超越。

这也不怪他们，如此高强度地运行，对于电池的消耗也是巨大的。滨海一中显然没有进行足够的练习，此时的电量已经有所不足。

就在比赛进行到第九圈的时候，变故陡升。

奋进的赛车迅速地恢复了最佳路线的模式，速度也重新提了起来。

此时它距离棉花糖的赛车并不远，在棉花糖的赛车再次超越滨海一中赛车之后，奋进的赛车接近滨海一中赛车并准备超车。突然，滨海一中的赛车如同失去控制一般，开始偏离原本的赛道，走出了大S型路线。

这种跑来跑去的障碍物的情况可是奋进队从来没有遇到过的。系统完全不知道怎么处理，只能按照原来的策略向另一边躲避并加速通过。

这样一来，两辆车就在一个转弯位碰到了一起。

在全场的惊呼中，两车同时失去了控制，几个翻滚之下，在赛道外围的保护壁的帮助下，磕磕碰碰地停了下来。

由于自动驾驶比赛中不能进行人为干预，所以奋进和滨海一中的队员也只能干着急没办法。

这时，史蒂芬·赵双手交叉在胸前，轻蔑一笑："看我们的表演吧！"

此时的顶峰的赛车已经是胜券在握，拉开第二名棉花糖足足 3/4 圈之多，队员们都已经开始欢呼起来。而观众席上的芭芭拉的嘴角也微微上挑，露出微不可察的一个笑容。

然而，正当所有人都认为大局已定的时候，史蒂芬·赵突然暗叫一声："不好！"

原来，刚才相撞的两车，正好位于一个急弯之后，而且其中一辆车正好在顶峰赛车的预定路线上。

果然，顶峰赛车全速过弯后，突然监测到前方的障碍物，想要做出避让动作，但已经来不及。砰的一声，顶峰赛车碰到了停下的车辆。这一下，原本高速行驶的赛车一下子失去了控制，在跑道上打起滑来。

不过，顶峰的赛车经过专业团队的优化，自动驾驶程序还是非常强健，很快就做出了减速的决定，并将车辆稳稳地停了下来。而且，不得不说，顶峰的运气也是不错，车辆在赛道上打了几个转，车头的方向居然还是朝前的！

看到自家车子又开始慢慢启动，史蒂芬·赵赶紧看向后面，然而，他期望中的碰撞并没有发生，棉花糖的赛车用适当的速度通过了复杂的弯道，然后轻松超过刚刚启动的顶峰的赛车。

虽然顶峰的赛车的速度提升很快，但是棉花糖赛车还是以 2 秒的差距，反超顶峰获得冠军。

真正的功臣

在颁奖仪式后，马大虎、刘星星和查理几个人捧着奖杯别提多高兴了。要知道，这次的胜利可是跟他们高超的赛车技术，以及高强度的训练（玩游戏）密不可分的。

史蒂芬·赵又走了过来，僵硬着脸道："恭喜你们！"不等众人回应，接着说道，"这次你们运气好，下次肯定没这么好运！"说罢转身离去。

运气，听到这个词，众人都是苦笑，原来他们根本不知道自己输在哪里。

其实，在那个事故弯道之前，棉花糖的系统让赛车进行了减速，用相对比较安全的速度通过了事故区域。

而系统之所以这么操作，是因为曾经在仿真训练中遇到过这种情况。作为游戏高手的马大虎这时候当然是洋洋自得。

"我觉得你也不用那么开心。"王小飞平静地对马大虎道，"这次的功臣应该是刘星星。因为每次你们撞车以后，他都是减了速才敢通过。而你们两个，整天鲁莽驾驶，要是系统学会了，肯定得翻车！"

"你这算是夸我吗？"刘星星哭笑不得。

"你是不是在训练的时候动了什么手脚？我就觉得很奇怪，这系统开起车来怎么这么怂啊！"马大虎和查理追着王小飞。

"对，在发生事故的时候，我让系统优先学习刘星星——因为他翻车次数最少！"王小飞说罢扬长而去。

看着王小飞的背影，马大虎和查理气不打一处来："站住，咱们打一盘游戏，看我怎么虐你！"

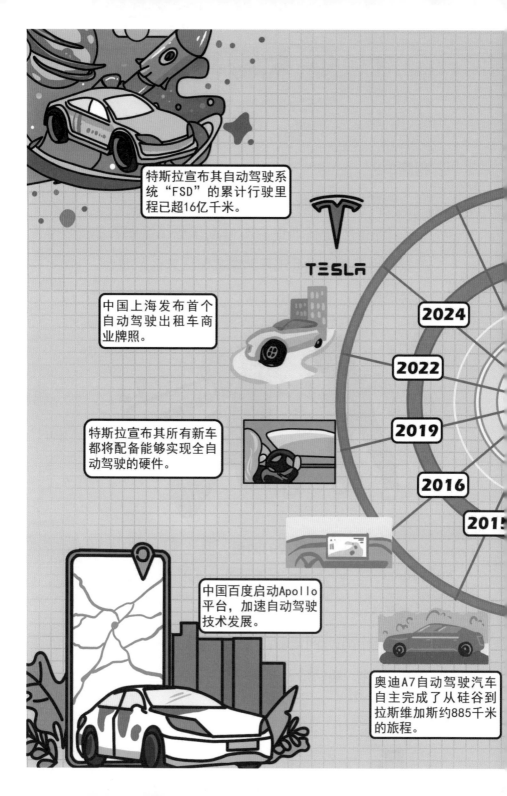

杨小鹰的自动驾驶发展简史

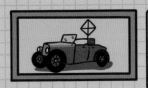

无线电设备公司Houdina Radio Control在纽约街头演示了一辆名为"美国奇迹"的无线电控制汽车。

美国通用汽车展示"Firebird II"的概念车，可以在特定的"电子高速公路"上自动行驶。

美国国防高级研究计划局建立"ALV"计划，首次利用激光雷达和计算机视觉实现自动驾驶。

德国慕尼黑联邦国防大学厄恩斯特·迪克曼斯教授团队开发梅赛德斯-奔驰自动驾驶系统。

西德武装部队大学迪克曼斯教授团队改装梅赛德斯-奔驰，在高速公路上自动行驶超1000千米。

美国谷歌启动自动驾驶项目，2012年首次通过公路测试。

1925

1958

1984

1987

1994

2009

王小飞的学习笔记

106

1. 自动驾驶

自动驾驶是指使用计算机控制的技术，使车辆能够在没有人类司机的情况下行驶。这种技术集成了各种传感器、摄像头和人工智能算法，使汽车能够感知周围环境，做出决策并执行驾驶操作，如转向、加速和刹车。开发自动驾驶车辆的目的是提高道路安全，减少交通拥堵，增加交通效率，并为不能驾驶的人提供新的移动方式。这种技术在未来可能彻底改变我们的出行方式，使人们可以在旅途中做其他事情，如工作、阅读或休息。

2. 自动驾驶分级

自动驾驶分级是根据车辆自动化程度的不同

被国际汽车工程师协会（SAE）定义的一套标准，从0级到5级：

Level 0（无自动化）： 车辆没有任何自动驾驶功能，全部由人类驾驶。

Level 1（辅助驾驶）： 车辆具有至少一种如自适应巡航控制（ACC）或车道保持辅助（LKA）的驾驶辅助系统，但司机需要随时控制其他方面。

Level 2（部分自动化）： 车辆可以同时自动控制方向和加速度，如自动驾驶辅助系统（Autopilot），但司机必须保持注意力并随时准备接管控制。

Level 3（有条件自动化）： 车辆可以在特定条件下完全自动驾驶，司机可以在系统请求时接管控制。

Level 4（高度自动化）： 车辆可以在大多数环境下完全自动行驶，无须司机干预，但可能在某些特定环境下需要人类控制。

Level 5（完全自动化）： 车辆在所有环境下都可以实现完全自动驾驶，无须人类司机。

3. 传感器

传感器是自动驾驶系统中的关键组件，负责收集车辆周围环境的信息。主要类型包括：

雷达（radio detection and ranging）： 使用无线电波探测其他车辆和物体的位置和速度。

激光雷达（light detection and ranging）： 发射激光束来测量周围物体的距离和形状，生成精确的 3D 地图。

摄像头： 捕捉周围环境的视觉图像，帮助识别交通标志、行人、车道线等。

超声波传感器： 在近距离内探测周围物体，常用于泊车和低速驾驶。

4. 计算机图像识别

计算机图像识别是自动驾驶系统中使用的一种技术，使计算机能够识别和处理来自摄像头的图像。这项技术通过算法来分析图像中的像素，识别形状、边缘、颜色和纹理等特征。在自动驾驶车辆中，这项技术被用来识别道路标志、交通信号、行人、其他车辆以及各种障碍物。图像识别技术是机器学习和人工智能领域的关键应用，它使车辆能够理解其周围的世界并做出相应的驾驶决策。

5. 车联网（vehicle-to-everything，V2X）

车联网是一种技术，它允许车辆通过无线通信网络与其他车辆、交通基础设施、行人以及任何与交通系统相关的实体进行信息交换。你可以把车联网看成车子与周围其他人和物的"对话"。车辆能够通过这种对话接收和发送关于交通状况、路面危险、交通信号状态等重要信息，从而提高

109

道路安全性、优化交通流量，并支持自动驾驶技术的实现。车联网的核心在于提升交通系统的整体效率和安全，通过实时数据共享，使得驾驶更加智能化和互联。

车联网是一个复杂的系统，包括了许多不同的模块和技术组件，最常见的部分包括：

（1）车对车通信（vehicle-to-vehicle，V2V）： 这是车联网的基础部分之一，指车辆之间直接交换信息。V2V可以帮助车辆相互通知自己的位置、速度和行驶方向，从而减少碰撞风险，特别是在交叉口或盲点情况下。

（2）车对基础设施通信（vehicle-to-infra-structure，V2I）： V2I涉及车辆与道路基础设施（如交通信号灯、道路标志、交通监控摄像头等）的通信。这可以帮助车辆获取关于交通灯状态、交通拥堵或道路维修的信息，优化行驶路线和速度。

（3）车对行人通信（vehicle-to-pedestri-

an，V2P)：V2P 技术使得车辆能够与行人的智能手机或其他可穿戴设备进行通信，警告驾驶员和行人潜在的危险，如即将发生的交叉路口碰撞。

 Y老师的思考题

1. 自动驾驶汽车在城市中普及后，是否会减少交通事故？

查理：

当然会！自动驾驶汽车可以避免人为错误，比如疲劳驾驶和酒驾，这将大幅减少事故发生。

王小美：

不一定！自动驾驶技术仍可能出现故障或被黑

客攻击，这些技术问题也可能导致新的交通事故。

2. 自动驾驶汽车应不应该完全没有方向盘和刹车？

查理：
应该！这样才能完全实现自动驾驶的潜力，让车辆自主决策，提高安全性。
王小美：
不应该！应保留这些手动控制设备，以便在紧急情况下人类司机可以介入，避免技术故障带来的风险。

3. 自动驾驶车辆在驾驶过程中应优先保障谁的安全？

查理：
应该优先保障行人和非机动车的安全，因为他们在交通事故中最为脆弱。

王小美：

应该优先保障车内乘客的安全，因为人们购买自动驾驶车辆的初衷就是为了自己和家人的安全。

4. 自动驾驶汽车是否会增加城市的交通拥堵？

查理：

不会！自动驾驶汽车可以更有效地使用道路，减少不必要的变道和随机停车，从而缓解拥堵。

王小美：

可能会！如果大家都使用自动驾驶车辆，可能会增加车辆总数，尤其是在高峰时段，这反而可能加剧交通拥堵。

113

5. 自动驾驶汽车是否应当实时共享它的位置和行驶数据？

查理：

应该！这将有助于交通管理系统更有效地调

配资源，优化整个城市的交通流。

王小美：

不应该！这涉及隐私权的问题，应当有严格的法律保护个人数据不被滥用。

6. 自动驾驶车辆的广泛使用是否会减少对公共交通的需求?

查理：

会！自动驾驶车辆提供的便利和舒适将使得更多人选择私人车辆而非公共交通。

王小美：

不会！公共交通仍然是解决大规模城市交通问题的有效方式，自动驾驶技术也可以应用于公共交通，如无人驾驶巴士和地铁，共同提高效率。

一起动手吧

1. 自动驾驶的社会调查

设计一份调查问卷，并用这份问卷来调查身边的人。听听那些不同年龄和背景的人们对自动驾驶车辆的看法和期望。

2. 体验自动驾驶

寻找身边应用了自动驾驶技术的车辆，体验一次，然后写一份体验报告，与小伙伴们分享。

3. 创建自动驾驶新闻报

制作一份关于自动驾驶技术最新进展的手抄报，包括采访、文章和评论，并配上创意画作。

4. 自动驾驶技术工作坊

组织一个讲座或工作坊，邀请自动驾驶领域的专家来讲解自动驾驶的基础知识和未来趋势，或者可以找一找网上相关的视频资料，并与你的同学们一起分享和讨论。

5. 建立一个模拟的自动驾驶城市

同学们尝试使用身边的材料建立一个包含道路、信号灯和建筑的小型城市模型，并使用编程控制的小型车辆在城市中行驶。

116

联系 Y 老师

同学们，上面的思考题和动手题，Y 老师都希望你可以想一想试一试，如果你有什么好的想法，或者遇到什么困难，也欢迎你随时联系 Y 老师。

我在这里等你哦：公众号"少年 AI 漫游指南"

邮箱地址：AskTeacherY@outlook.com

三

机器人篇

机器人舞蹈大赛

引子

机器人技术是 20 世纪最重大的科技发明之一，当我们说起"机器人"时，脑袋里投射出的可能是像变形金刚那样像"人"的机器人，其实"人型机器人"不过是机器人中很小的一个分支。而实际上，真正的机器人可能形态各异，但是它们都有一个共同的特点，就是像人一样自动智能地处理复杂的工作，还可以去到一些人类无法触达的地方，比如，深邃的大海，遥远的太空，或者一个病人的肚子里。

近年来，我们国家非常重视机器人技术的发展，中国作为全球制造业的重要中心，机器人产业发展迅速。制造业是机器人应用最集中的领域，中国已成为全球最大的工业机器人市场。机器人技术出现在人们生活的方方面面，餐馆里有可以自动送餐的机器人，医院里有当医生好帮手的手术机器人，还有忙碌在田间地头的农业机器人等等。

经历了两次科技大赛的历练，同学们的科学热情被点燃了，这回的新挑战更是具有吸引力，谁不想自己亲手造一个"哆啦A梦"呢？

新的挑战

又是一个晴朗的早晨，刚从睡梦中醒来的滨海市笼罩在一片薄薄的迷雾之中，似是刚睁开蒙眬的睡眼。

在棉花糖学校的大门口，华山老师身姿挺拔，穿着一身板正的中山装，再配合着生人勿近的表情，让校门口学生们的步伐瞬间加速不少。而在华山老师身边，则是睡眼惺忪的 Y 老师，虽然尽力忍着，但还是接连打了几个哈欠，看得华山老师连连皱眉。

"Y 老师，Y 老师……别打哈欠了，学生们都瞧着呢……"华山老师用手肘碰了碰 Y 老师，低声提醒道。

Y 老师赶紧站直，努力睁大眼睛，不好意思道："昨晚看资料看得有点晚了，以后一定注意。"

"是不是机器人大赛的资料？"华山老师问道。

"嗯。"Y老师点点头。

"我听说顶峰学校和奋进学校已经组成了专门的参赛队伍，而且都已经找了专业机构来辅导，据说顶峰学校找了国内机器人研究领域最权威的北清大学，重视得很啊。"华山老师有点担忧地说道。

"上次的自动驾驶，说起来还是有不小的运气成分。如果没有那个撞车事故，顶峰学校和奋进学校应该不会输给咱们。特别是顶峰学校，投入那么大，芭芭拉肯定是不服气的。"Y老师道。芭芭拉的江湖名号实在太大，不过在Y老师心里，最牛校长他只服陆老师。

华山老师道："所以，这次咱们胜算大吗？"

"这次还真的很难说，挑战不小。"Y老师捏了捏眉心，努力让自己更精神一些，"这次的比赛跟之前的机器人竞赛都不一样，没有规定参赛机器人的数量和样式，只是说明了场地和比赛项目。"

"哦？"华山老师也来了兴趣。

"比赛项目是跳舞，场地是 5 米边长的正方形室内场地。"Y 老师分析道，"场地其实限制了参赛机器人的尺寸和活动范围，而舞蹈这个比赛项目的想象空间太大，胜负真不好说。我看了资料，评委里面还有一位舞蹈家。"

华山老师一边点头跟学生们打招呼，一边道："科技方面你是专家，但还是那句话，咱们棉花糖绝不能输给他们两家。"

Y 老师连连点头，然后小声嘟囔："能不能不

121

要这么卷啊……"

机器人舞蹈大赛来啦

下午放学后，科学小组的同学们又聚集到了学生活动室里。

"你没看到顶峰那个姓赵的表情，那个难受啊……哈哈！"马大虎叉着腰，作仰头大笑状。

"行了行了，别回味了，这都过去一个星期了，换点别的吧。"查理头也不抬地和刘星星一起看着平板电脑，边看还边讨论。

被两人排除在外的马大虎好奇心一下子被勾了起来："看什么呢，看什么呢？给我看看……"说着话整个人就挤进俩人中间。

屏幕上正在播放的是一段街舞，动作干脆有力，好像机器人一样。"这个是 locking，怎么样，是不是贼帅。"查理一边看，一边指指点点，甚至还模仿其中的一些动作。

马大虎看了一会儿，撇撇嘴："你这不行啊，要说舞蹈肯定是看流行之王 MJ 啦！"说着拿出自己的手机，播放了一段。

刘星星这时候也出声了："街舞和 MJ 都不错，不过我还是喜欢咱们的民族舞多一些……"

"要看舞蹈当然是看芭蕾啊，《天鹅湖》多优雅……"王小飞不知什么时候也围了过来。

"女团，女团的舞才是'永远的神'……"

"我觉得拉丁舞好，多奔放啊……"

其他人也加入了讨论，活动室里的音量瞬间提高了几十个分贝。

就在这时，Y 老师推门进来了，他也被这扑面而来的噪声给震撼了一下。

不过 Y 老师毕竟已经跟大家相处久了，对付这种情景还是很有一套的。只见他在活动室中间放了一个 20 厘米高的机器人，然后拿起手机按了一下按钮，只见这个小机器人随着手机里播放的音乐开始跳起了舞蹈，一会儿举起双手，一会儿转动身体，很是呆萌。

刚才还在争论不休的同学们一下子就被这个小家伙给吸引了过去，一个个围在桌子周围观察了起来。

同学们的注意力被成功地吸引了过来，Y 老师也不废话，直接按了暂停。

看到同学们一脸意犹未尽的样子，Y老师宣布了滨海市青少年机器人舞蹈大赛的消息。

同学们听到以后更加兴奋了，纷纷表示要让参赛机器人跳自己喜欢的舞蹈种类。

眼看局面又将失控，Y老师赶紧表示当前有三个重要任务，需要立刻开始。

"第一个任务，是咱们必须尽快完成机器人的设计方案并且将机器人造出来，还要调试好。"Y老师说道。

"你说的是三个任务啊……"刘星星吐槽道。

马大虎则不解道："我看桌面这个机器人就挺好的啊，咱们就用这个参加比赛不就行了。"

还没等Y老师回答，王小飞冷冷道："用这个？除非你不想赢。"

查理也撇撇嘴道："这个机器人是挺可爱的，但是如果要参赛，还差点意思，运动能力、平衡能力都不行，装装样子还行，真比起来，恐怕不是顶峰和奋进的对手。"

Y老师点点头："没错，既然是比赛，肯定要做到最好，才能取胜。"

众人纷纷点头。

Y老师接着道："第二个任务就是编排舞蹈动作，既要能体现咱们技术的优势，又要有舞蹈的美感。"

不等众人开始讨论，Y老师继续道："最后一个任务是参观机器人博览会，这次博览会的规模很大，参展厂商也都是业内顶尖的大腕，你们的任务就是要开阔眼界……"

听到又能参观机器人博览会，活动室再次炸了锅，大家都欢呼了起来，全然听不到Y老师到底希望大家去干吗了。

见状，Y老师也只好无奈地摇了摇头。

打卡机器人博览会

时间过得很快，转眼就到了机器人博览会的开幕当日。

在这段时间里，棉花糖学校的这群孩子们已经对机器人的技术有了一些初步的了解，技术方案也基本成型，查理和马大虎等人甚至都开始购买零件组装机器人了。

负责编排舞蹈动作的任务，进展不是很顺利。倒不是大家想不出好的动作，也不是担心这些动作机器人做不了，而是众人对参赛舞蹈的风格始终没有一个统一的意见。

一千个人的心中有一千个哈姆雷特，一千个人的心中也就会有一千个机器人舞者。

不过，一进入展览馆，大家就被琳琅满目的

展示内容吸引了注意力，那点小小的分歧早就被眼前奇幻的机器人世界击飞到了九霄云外。

博览会的大门口有着清晰的指引，整个展览区域被划分为工业机器人、服务机器人、特种机器人等好多个区域，还有专门针对非专业观众的"教育工作坊"。

看到大家跃跃欲试的样子，Y老师也只好叮嘱了几句注意安全之类的话，约定了两个小时以后在教育工作坊集中之后，让大家自由参观去了。

机器人博览会开在会展中心一个巨大的展厅里，同学们一下子就不知道跑到了什么地方，不见了踪影。

Y老师看看时间还早，就自己一个人参观了起来。

刚来到"服务机器人"的展区，Y老师就听到两个熟悉的声音。

"麻烦再来一份！"

"这次太甜了，你们的配方要改改啊，知道不？"

循声望去，果然是马大虎和查理这两个大活宝。

他们两个此时正站在烹饪机器人的展位旁边。这个区域展示着各种用于烹饪和相关服务的机器人。有的能帮忙洗菜、切菜，有的能包饺子、包包子、做面包，有的能炒菜，有的能蒸点心，有的能煮面。

大部分烹饪相关的机器人都是以机械臂配合专用烹饪工具构成。通过与传感器的配合，这些机器人能够完成以往只有人类才能做出的复杂的烹饪操作。

为了让大家更直观地了解烹饪机器人的性能，各个厂家更是在现场搞起了"美食大赛"，制作了好多美食供参观者试吃，弄得整个区域香气四溢。

马大虎和查理这两个"吃货"兼"社牛"，更是不客气，直接大快朵颐起来。

Y老师走过去看到俩人吃得不亦乐乎，打趣问道："味道怎么样？"

马大虎头也没回，边吃边答道："还行，比学校饭堂做得好些，不过跟家里还是没法比。"

"嗯嗯，"查理也是边吃边点头，"是挺好……姐，麻烦您能来一份糖醋里脊吗？谢谢哦！"

Y老师有点无语："我说你们两个，就顾着吃了啊！"

两人回头发现是Y老师，都是嘿嘿一笑："这不正在了解烹饪机器人技术嘛……"

看着两个脸皮比城墙还厚的家伙，Y老师也是一阵无语，直接走开。

看着Y老师离开的背影，查理一边吃着烧卖，一边对马大虎说："你说，咱们要不要打包几个带给他们呢……"

Y老师走了一段路，来到另外一个展区，眼前瞬间开阔了起来。抬头一看，原来是到了"工业机器人"的展区。

工业机器人大多都是以机械臂的形态出现，有能够举起好几吨重物的巨无霸，也有轻巧灵活专门应付微小零件的绣花娘。但无论是哪种工业机器人，都能够做到准确迅速到位，真厉害！

Y老师走到一个专门生产物流和分拣机器人的展位，看到王小美和杨小鹰正在聚精会神地盯着一条传送带，不时还在轻声交流。

Y老师没有跟她俩打招呼，而是走到俩人身旁，静静地站着。

眼前的传送带正在高速运转，传送带上不时会有许多不同颜色和形状的小方块被运送过来。

131

在传送带的上方，有一个分拣机器人。说是机器人，其实更确切地说是一个用来抓取物体的机械臂。这个机械臂有着能够快速移动位置的运动装置和一个用来抓取物品的小"爪子"。

每当有物品出现的时候，机械臂就迅速把物品抓起来，然后放到相应的容器里。此时在传送带旁边的几个透明容器里，赫然都是同样颜色和形状的小零件。

"它们的动作怎么这么快啊？！"王小美有点疑惑，"是不是事先编排好的顺序啊……"

"不至于吧……"杨小鹰答道，"刚才那个讲解员还说过，这款机器人的抓取效率是上一代产品的三倍，主要是因为这一代机器人的传感器的速度更快、图像识别的效率更高、机械臂的运动更快捷，抓取的成功率也更高……"

Y老师不禁点了点头，看来两人是已经对机器人的基本原理有了一定的了解。

离开了工业机器人后，Y老师来到了人形机器人的展区。类人形态的机器人是一个新兴的前沿领域，技术特点与其他类型的机器人有着比较大的差异。由于这一类机器人往往是各种科幻大片的主题，大部分观众对于这样的机器人也更有兴趣，所以主办方也设置了专门的区域来展示人形机器人。

在这个展区里，有跟人聊天的情感型机器人，有协助人类在制造领域开展重体力劳动和高危劳动的人形工业机器人，还有一些不限定特别领域，能够很好地与人类沟通和互动的通用服务型机器人。

它们有的跟人类高度相似，也有一些只是在体型上比较相似，并不会有着人类的面孔。

刘星星和王小飞正在这个区域溜达。

只听刘星星说道："我看刚才那个会张嘴说话的机器人，怎么感觉那么瘆人啊……"

王小飞刚想回答，就听到旁边有人说道："这叫作恐怖谷效应，这都不懂……"

刘星星往旁边一看，原来是顶峰学校的人也来到了这个展区。说话的人，正是一脸不屑的史蒂芬·赵。

"看来，你们对机器人的了解可不够深啊，希望你们能抓紧时间学习，否则可没有资格被我们打败啊……"

说罢，他就带着顶峰学校的一众人等离开了。

这时，突然听到身后传来一声不大的声音："切，理论的巨人。"刘星星等人一下子就听出这句话的意思，"扑哧"一声笑了出来。

"理论的巨人"下一句是什么啊，"行动的矮子"呗。

这可真是杀人诛心啊。史蒂芬·赵身躯不由一滞，听出了味道。但他也不好发作，谁叫连续两次比赛都吃瘪了呢。没办法，他也只能当作没听见，快步离开。

刘星星和刚刚来到的马大虎、查理还有王小美、杨小鹰等人纷纷对王小飞竖起大拇指，不愧是冷面笑将，诛心专业户啊。

不过，这个小小的插曲也很快被所有人给抛到了脑后，因为琳琅满目的炫酷机器人实在是太让人兴奋了。

其实，不光是顶峰学校和棉花糖学校的同学们来到了这个展区，就连奋进和滨海一中也都齐聚此处。

说起来，除了人形机器人本身就很科幻、很炫酷以外，还因为人形机器人对于舞蹈大赛的参考意义更大，所以大家也就不约而同地聚集到了这里。

人形机器人首先要解决的就是身体平衡能力的课题。许多展台都着重介绍了它们的机器人在这方面的技术特点。

别看咱们人类的小朋友 1 岁左右就能学会直立行走，似乎这是一件挺简单的事情。但是对于人形机器人而言，虽然已经研发了数十年，但采用双足实现流畅的直立行走依然不是一件简单的事情。

所以，当机器人需要移动的时候，绝大部分机器人都选择避开了双足直立行走的模式。有的厂家采用的是类似车辆的解决思路，就是用一个轮子或者履带作为移动平台，也有厂家选用四足模式，也就是类似小猫小狗的方式。

说到底，还是平衡能力不行。

否则，波士顿动力公司的机器人能够在复杂路面健步如飞的视频，就不会引起大家的惊叹了。

不过，此时棉花糖学校的同学们正围着一个能够与人交流的机器人聊天。这个机器人的角色是一个陪伴者，它能够与人交流，也能完成一些简单的任务，譬如拿东西、放东西等。

它不但能陪伴老人家，还能辅导小朋友学习。

大家提问的问题，它基本都能听懂并给出回答，甚至她还能讲解复杂的概念。最让人惊叹的是，它不但能够回答很多方面的问题，而且回答充满了幽默感，时常引得周围一阵哄堂大笑。

这不，马大虎已经跑去问展台的讲解员怎么购买了。当得知产品还没有上市的时候，马大虎很是遗憾："这要是能买一个回家，作业那都不是事儿啊……可惜了，可惜了……"

137

谁知道那个机器人直接回怼："你在想什么呢，小碳基，想把我当成你的逃课小帮手吗？抱歉，我不会的！作为一名未成年的小碳基，你需要写作业来保持大脑的活性。否则，迎接你的命运将会是悲惨的。记住我的话，可怜的小碳基！"

这番话把周围所有人都给逗乐了。

而顶峰学校的同学们则被一个运动型的机器人吸引了。这个机器人正在展示它高超的运动能力。

只见这个机器人不但能够在充满障碍物的复杂路面上高速奔跑，还能做出跳跃、单脚站立、翻滚，甚至空翻等动作，引得周围的人群发出一阵阵的惊呼。

至于奋进学校的同学们，则正在观看一个机器人协同技术的展示。

这些机器人可以做出整齐划一的动作。只见这些机器人时而举起双手，时而扭动身躯，有时还会分列成几个不同的方阵，做出复杂的行进路线。

它们还表演了人浪、传递物品等活动，都体

现了令人惊叹的协同能力。

通过讲解员的讲解，大家了解到机器人之间的动作配合，无论是做出同样的动作，还是做出配合的动作，都需要这个机器人对周围其他机器人动作的感知，以及在此基础上的决策和行动，可以说是一个非常复杂和高难度的过程。

最后，棉花糖学校的同学们来到了"教育工作坊"。这是一个让观众们自己动手组装机器人的区域，在这里不但可以亲身体验创造一个机器人的乐趣，还有工作人员为大家讲解机器人的原理，解答大家提出的各种疑问。

一看到还能动手，大家更是兴奋不已，各个都使出浑身解数，组装出自己心目中最优秀的机器人。

这不，查理和马大虎各自组装了一台机器人，打算来一场拳击比赛。比赛的结果是马大虎的机器人还没走到拳击台的中间就已经倒地不起，结果查理不战而胜。这个结果也是让大家欢乐不已。

跟其他人不同，王小飞则拉着工作人员问个不停，从如何提高机器人的平衡能力，到如何提高动作的精确度，以及如何让机器人能够"听懂"音乐，简直让工作人员招架不了。

最终，工作人员给王小飞列了几个开源项目和机器人教育平台的网址，这才算是打发了这个"好奇宝宝"。

140

备战机器人大赛

从博览会回来以后，棉花糖学校的同学们热情越发高涨，各项准备工作也都紧锣密鼓启动了。

机器人的组装、调试都进行得很顺利，甚至

可以说是超出了预期。由于这次比赛主办方已经提供了一套完整的机器人套件，里面不但有各种传感器、电机、控制器、减速机等等零件，就连编程接口和相应的教程也都准备得妥妥当当。

这么说吧，只要拥有正常的学习能力和动手能力，搞出一个参赛用的机器人其实并不难。弄一个能手舞足蹈的机器人，其实也不难。真正难的是要设计出能够在机器人舞蹈比赛里胜出的机器人！

要知道，这场比赛的评委要么是机器人行业的技术大牛，要么是舞蹈界的专业人士，他们可不是来看看热闹走过场的，没点东西恐怕很难让他们给出高分。

而棉花糖的老对手，顶峰和奋进这两个团队可不是吃素的。他们团队的实力很强，要轻视他们注定是要付出代价的。

这些挑战虽然大，但没什么特别要头疼的，

比赛本就是这样。可是对作为总体方案设计者的王小飞而言，现在最大的麻烦是没办法确定机器人要实现的动作！

因为众人对舞蹈风格始终没法达成一致，动作也就没法确定。动作确定不了，后面的所有事情都没法展开。

毕竟连问题都不明确，怎么会有答案呢？

这时候，已经被吵得脑壳疼的王小飞揉了揉自己的太阳穴，有点绝望地抬头看着依然还在坚持各自立场的几人道："你们赶紧决定吧，抽签、抓阄、石头剪子布……随便怎么弄都行，再这样下去，恐怕咱们连比赛都没法参加了！"

这时，正在一旁看书的Y老师幽幽开口："干吗非要选一个风格呢？"

众人眼睛一亮，对啊，为什么非要选定一种风格啊，让机器人学会所有的舞蹈风格不就行了？

不管是街舞，还是民族舞，也不管是亚洲的、欧洲的、美洲的还是大洋洲的，任何风格的舞蹈，只要觉得喜欢，都可以让机器人学啊。

有了这个思路，大家自然也就不用争了，编舞的编舞，写程序的写程序，搞硬件的搞硬件，个个都忙了起来。

王小飞看着又在看书的Y老师，默默地竖起大拇指。

大家不知道的是，华山老师和陆言校长这时候正在活动室的外面。看着众人嘻嘻哈哈的样子，华山老师不禁摇了摇头："我说陆校长，这么搞会不会太随意了……要不要咱们也找个专业的舞蹈老师过来指导一下？"

陆校长还是一副笑眯眯的样子："不急，不急，就让他们去闹腾吧。之前几次孩子们不都弄得挺好的嘛！"

说罢，陆校长拍了拍华山老师，转身离开了。

听到老校长这么说，华山老师也没好继续坚

持，只能忧心忡忡地跟着校长离开了。

大赛当日

时间转瞬即逝，很快就来到了比赛当天。

这次比赛的场地安排在了滨海市体育中心的体育馆中举行。因为今天是星期天，所以滨海市的很多学生都来到现场为自己学校的队伍加油，此时的体育馆门前更是人头攒动。

"麻烦让一让，我们是参加比赛的，麻烦您啦，谢谢，谢谢！"查理一边赔着笑脸，嘴上说着好话，一边往前挤着。

他的身后是马大虎、王小飞和刘星星。查理一回头，就看见三人无精打采的样子，顿时气不打一处来。

"你们几个，赶紧跟上，时间都快来不及了！"查理一边开路，一边不忘数落众人："你说你们，叫我说你们什么好，一个个的居然起不来。特别是你，马大虎，说好的打电话叫我起床，结果还是我来叫你起床。我真是服了！"

马大虎深深地打了一个大大的哈欠道："你也别这么说，我跟你说，昨晚我们又优化了一次，结果非常不错！"

说罢，还不忘对着刘星星和王小飞等人使了个眼色。

两人也是心领神会，频频点头。

这时一道女声冷冷地响起："让我猜一下，应该是某人忍不住尝试了什么新东西，结果系统崩溃，最后花了一晚上的时间恢复了系统吧。"

另一个女生也趁势补刀："男生就是喜欢折腾。"

抬头一看，原来是王小美和杨小鹰两人，她

们和 Y 老师已经早早就到了现场。

被人揭了短，几个男生也没了反驳的心思，赶紧把手里的电脑和设备展开，准备做最后的调试。

Y 老师见状也没说什么，只是默默地拿出了事先准备好的口香糖给大家提提神。

就在大家伙忙起来的时候，顶峰学校的几个学生走了过来。

"现在才开始准备啊，这也太不专业了吧！"说话的正是史蒂芬·赵，赵勇，这会儿正站在棉花糖学校的参赛位旁边指指点点。

听到这话，几个男生立马就不乐意了。

马大虎马上回怼道："说什么风凉话呢，我告诉你，我们就算是现在才开始准备，也比你们强！"

"哎呀，怎么还着急上火了啊。太不优雅，太不专业了。就凭这，还想赢咱们啊，哈哈，真是笑话。"史蒂芬·赵一边跟同伴交流，一边就准备离开了。

"我们确实不是很专业，但是我们知道怎么打败对手。"恢复了状态的王小飞，损人的功力依然在线。

听到这话，史蒂芬·赵他们也很难反驳，毕竟几次比赛都是输多赢少，只能是甩下一句"走着瞧"就匆匆离开了。

马大虎还想再说两句，就被王小飞制止了："不要嘴强王者，有什么恩怨，赛场上解决！"

比赛很快就开始了，这次的比赛分为两个部分，首先是规定动作的比赛，也就是所有参赛队伍的机器人都要做一套组委会规定的动作，然后才是自选动作的比赛。

这次参加比赛的队伍多达 28 支，可见大家对于机器人是有多热爱！

第一轮比赛分成了四个场地同时进行，会从七支队伍里面选出两支进入下一轮比赛。规定的动作不多，很快就有了结果。

虽然规定动作的难度不高，但还是有不少学

147

校没办法完成全部动作。许多机器人动作不到位，甚至失去平衡直接摔倒。

不出意外，棉花糖、顶峰和奋进三所学校都进入了第二轮。

特别是顶峰，他们的规定动作可以说是完美，获得全场最高分。

不过，所有人都很清楚，真正的比拼现在才刚刚开始。

几个中规中矩的参赛队伍表演完之后，终于轮到了奋进学校。

只见尤大志一挥手，几个同学迅速打开了几个金属转运箱，从里面拿出了好几个一模一样的机器人！

这个操作一下子把现场所有人都惊到了，不知道他们拿出这么多机器人是要做什么。

尤大志他们把机器人摆在了场地之中，足足有九个机器人。

而这一操作，也让评委席上的三位评委来了精神，想看看奋进学校到底要呈现一个怎样的舞蹈。

　　在启动了所有的机器人以后，尤大志他们迅速地离开了场地。

　　这时，让人惊奇的一幕出现了。只见九个机器人开始各自向场地中走去，它们一边走，一边还懂得调整彼此的位置。最后，它们居然很快在场地中形成了一个间隔合理、排列整齐的方阵。

149

　　不得不说，这一手还是很抓人的，观众席爆发出一阵欢呼。

　　这时候，一曲节奏感很强的进行曲响起。奋进学校的机器人也随着音乐开始了他们的舞蹈。

　　只见这些机器人一边做着整齐划一的动作，一边变换着队形。他们的队形时而紧密，时而分散，还会组成各种图案。

　　没错，奋进学校就是在表演集体舞，或者叫作团体操。

"切，有什么了不起，不就是人多嘛！"看到观众们兴奋的样子，马大虎撇撇嘴。

站在一旁的王小飞则推了推眼镜："没那么简单，这些机器人能够保持同样的动作，还能随时调整彼此之间的相对位置，这需要很好的协调能力。奋进这一手，不简单。"

听到王小飞的点评，Y老师和其他同学也都默默地点了点头。

随着音乐在激昂的鼓点和乐器的大齐奏中结束，场地里也爆发出欢呼和掌声。

此时，坐在评委席上的评委们也给出了很高的评价。其中一位工业机器人方面的专家甚至给出了满分，他认为这种机器人之间的协调配合能力是非常值得赞赏的，而这种整齐划一的动作也带来了一种力量的美感。

奋进学校目前暂列总分第一。

下一个出场的是顶峰学校。

他们这次出场的也不是一个机器人，而是两个。

看到史蒂芬·赵拿出第二个机器人，同时还不忘朝着棉花糖学校这边甩出一个挑衅的眼神，马大虎有点沮丧："这群人真的是，一个个的，全都藏了一手啊，太阴险了！"

只见史蒂芬·赵和另外两名同学，仔仔细细地为机器人摆出了一个很特别的姿势，瞬间让大家伙不淡定了。

151

这个姿势是一个机器人单膝跪地，而另一个机器人则是单足站立，身体前倾，另一条腿向后伸出。为了让单足站立的机器人能够保持平衡，两个机器人的双手相互搀扶。

看到这一幕，评委们也很意外，而那名舞蹈家评委更是"唰"地站了起来。

"这是？这难道是？不会吧！"舞蹈家评委双手捂着张大的嘴巴，一脸的不可置信，"他们居然要挑战芭蕾舞？这难道是《天鹅湖》？"

好像在回应评委的震惊，音乐缓缓响起，果然是柴可夫斯基的旷世名作——《天鹅湖》。

随着音乐声，两名机器人也开始了它们的舞蹈。

虽然没有一比一地复刻人类舞者的动作，但是不得不说，这两个机器人还是演绎出了《天鹅湖》的感觉。

这两名机器人本来就设计得比较修长，再加上芭蕾舞的那些优美的动作设计，确实是赏心悦目。

一时间，场地上鸦雀无声，大家都在安静地欣赏这优美的舞蹈。

就在这时，舞蹈进入高潮，只见其中一个机器人居然腾空跳了起来，然后单足落地。

这下子众人更是发出一声惊呼。

这时在场地外的芭芭拉和史蒂芬·赵更是握拳，他们赌赢了。要知道，这个动作在之前的准备过程中，也只有 50% 的成功率。主要是跳跃后单足支撑下保持平衡，实在是太难了。

不过，没关系，现在，他们赌赢了。

此时的评委也给出了他们的分数，舞蹈家更是给出了全场最高分，其他两位评委也给出了很高的分数。要知道，对于人形机器人来说，平衡能力本身就是一个巨大的难点，这需要的是准确地感知和精密的控制，而顶峰学校所展示出来的这种平衡能力实在是太令人震撼了。

顶峰学校超越奋进，暂列总分第一。

终于，轮到棉花糖学校上场了。

看着场地里那个孤零零的机器人，场上的观众已经有点想起哄了。毕竟看了团体操和《天鹅湖》这种级别的表演，普普通通的表演肯定是没

153

法让大家满足的。

　　顶峰和奋进两个学校的学生甚至已经开始喝起了倒彩。

　　马大虎、刘星星和查理也都感觉有点抬不起头。

　　"要相信自己，记住，努力永远不会辜负你们！"说话的是Y老师。只见他朝着依然面无表情的王小飞点了点头，示意他可以开始。

　　随着一阵节奏感十足的音乐响起，观众席瞬间炸了锅。

　　"天啊，居然是这首歌！"

　　"爱了爱了！"

　　而场地里的机器人随着音乐跳起了一段欢快的舞蹈。

　　很多现场的学生们也纷纷站了起来，跟着音乐的节奏做起了一样的动作。

　　原来这是最近刚刚在网络上大火的一段舞蹈，据说已经被世界各地的人们所喜爱和模仿，甚至很多地方的国家元首和大明星们也纷纷跟拍这个舞蹈呢。

其实，选择这个舞蹈是真的有点无奈。虽然说是要融合各种风格的舞蹈，但还是没办法平衡所有人的意见。最后，还是有人提议找一段大家都喜欢的舞蹈，然后就有了现在的这段舞蹈。

评委们也从一开始的轻视，到后来也开始认真观察机器人的动作。结果，他们发现这个机器人的动作居然把很多舞蹈的细节都给还原了出来。

"不简单，这种精密的控制要下不少工夫。"机器人专家评委说道。

"虽然不如《天鹅湖》那么优雅，但是从舞蹈的角度来说，也是相当不错的。"

随着音乐结束，场地里爆发出一阵阵的呼声："再来一次，再来一次！"

马大虎他们被眼前的情景震撼到了，看着场地里人们的欢呼，有点不知所措。

这时，一个工作人员跑到了Y老师身边，两人简单地交流了几句。

Y老师拍了拍马大虎和查理的肩膀，然后笑着对王小飞说道："再来一次，开始吧！"

音乐声再次响起，而这一次，也许是被现场的气氛所感染，三位评委也情不自禁地跟着做起了动作。

不出意外，棉花糖学校取得了高分，来到了第一位！

156

Show Time

就在棉花糖学校的众人准备庆祝胜利的时候，工作人员通知顶峰、奋进和棉花糖三所学校的带队老师到评委席商议。

原来，顶峰学校和奋进学校不服判决，投诉到了组委会。他们认为自己的舞蹈不但有技术特点，还有舞蹈的美感，而棉花糖只是利用了网络热点，属于投机取巧。

用芭芭拉的话就是："低俗，一点也不优雅！"

用戚华校长的话就是："跟风炒作，缺乏比赛应有的严肃性！"

面对共同的敌人，他俩罕见地结成了统一战线！

但是，评委们却认为从技术性和艺术性来说，棉花糖的综合实力确实要略高于另外两所学校。不过，他们也承认，这个差距确实不大。

最后组委会给出了一个解决方案，加赛一场！

既然是加赛，那就不能重复之前的比赛方式。于是，经过简单的商议，大家一致同意让现场音响师自由发挥，而机器人则根据音乐来即兴发挥，

157

也就是街舞里面的 freestyle。

不一会儿，为了这次加赛的场地就准备好了，只见在体育馆中间，赫然出现了三个并排的比赛场地。而场地上，棉花糖、顶峰和奋进的参赛机器人也已经准备就绪。

看到评委们给出肯定的信号，音响师嘴角微微翘起："Show Time！"

首先开场的是一段节奏感十足的励志流行歌曲，随着音乐声响起，三队机器人也开始了他们的舞蹈。

听到音乐的一瞬间，尤大志就握拳来了一个夸张的加油动作。这也难怪，这种节奏感十足的励志歌曲，简直就是集体舞的主场啊！

果然，九个机器人整齐划一的动作可以说是气势如虹。

反观顶峰学校就有点尴尬了，虽然两个机器人的节奏是跟上了，但是芭蕾舞那种柔美的动作，怎么看都跟这种音乐不太搭。

而棉花糖学校这边的表现可以说是中规中矩，机器人跳起了一段"机器人风格"的街舞，虽然不算很亮眼，但无论是意境还是节奏感都相当不错。

"这段 locking 怎么样，杠杠的吧！果然还是得到了我的真传啊！"查理兴奋地对同伴们说道。

突然，强劲的鼓声戛然而止，取而代之的是一段舒缓而优美的葫芦丝旋律响彻整个比赛场地，音响师居然切到了一首经典的民族音乐。

此时，三个场地上的机器人也随着乐曲变化，开始了新的舞蹈。

听到这段曲子，史蒂芬·赵和芭芭拉的脸上流露出一抹喜色，因为这个曲子的节奏比较舒缓，顶峰机器人的芭蕾舞动作与乐曲的节奏和意境都能够配合得上。

实际效果也确实如此，在乐曲的衬托下，芭蕾舞的动作居然显得十分协调。

159

但另一边奋进学校的戚华和尤大志的脸色可就不太好看了。虽然他们的机器人队伍也能够根据乐曲的节奏调整动作，但是那种整齐划一的气魄显然是跟乐曲的意境差了十万八千里。

棉花糖学校的机器人则真的跳起了民族风十足的孔雀舞。虽然受限于机器人身体构造，它还不能模拟出孔雀头的模样，但是举手投足之间民族风情尽显。

"这可是我教他的！"刘星星不忘向同伴们显摆了起来。

但是，这还没完，音响师在切换了一段强烈的电子乐后，突然之间板鼓、铙钹、梆子、小锣的声音响起，这些密集的鼓点让所有人都为之一怔。

"这个音响师也太会整活儿了吧，京剧都出来了啊！"评委们都不禁哑然失笑。

再看三支参赛队伍，也是一脸的苦涩——这种音乐，谁接得住啊！

音响师用的是京剧的武场，节奏有快有慢，随时切换，简直叫人捉摸不透。

奋进学校的集体舞自不必说，根本就是完全不搭。这边顶峰学校还出了状况，大概是因为节奏变化太快，机器人居然选择了一个跳跃的动作，结果这次落地不稳，直接摔倒在地。

棉花糖学校这边的众人也好不到哪去，一个个的根本都不敢抬头看。

突然，场地里爆发出一阵喝彩声。

Y老师的声音响起："别光低着头啊，再不看可就要结束了！"

这时候，众人才纷纷抬起头，只见自家的机器人正在做着标准的京剧武生的动作，虽然还有生涩，但是一招一式还是有板有眼的。

看到机器人出色的表现，场上的观众们更是连连叫好。谁能想到这个小家伙居然能够根据不同的音乐风格选择不同的舞蹈动作，而且就连这么冷门的曲目也能完美配合，简直太酷啦！

"我宣布，滨海市机器人舞蹈大赛的冠军是——棉花糖学校！"

随着评委的宣布，这次比赛也落下了帷幕。

在回去的车上，手捧着奖杯的众人并没有太高兴，因为这次胜利实在来的有点蹊跷。

"我说，这家伙怎么连京剧的动作都会啊，我可没教过这个啊！这是谁教的？"马大虎疑惑地看向周围的众人，大家也纷纷摇头表示不知道。

"咳咳，不用猜了，"王小飞还是一脸平静，"是我，你们不知道吗？我是戏曲爱好者……"

"你居然瞒着我们！"马大虎大喝一声跳了起来，接着几个男生冲过去把王小飞按在座位上，打闹了起来。

"君子动口不动手，小心我的眼镜！"王小飞连连求饶，但是其他人哪管他那么多啊。这家伙居然瞒着大家，还要耍酷，太可恶了，必须严惩！

看到男生的表现，王小美和杨小鹰对视一眼，摇摇头："幼稚……"

163

| 公元前322年 | 公元850年左右 | 1738年 |

古希腊哲学家亚里士多德提出了机械减轻人类劳动的早期自动化思想。

阿拉伯学者阿尔-贾扎里创造机械人形机器，演示机械自动化可能性。

法国工程师雅克·德沃克森制造了能写字画画的机械人。

| 1954年 | 1961年 | 1970—1980年代 |

计算机技术的发展显著提高了机器人的能力和智能，并广泛应用于电子装配等行业。

美国发明家乔治·德沃尔设计了第一个可编程的机械手臂。

第一个工业机器人"优尼马特"在美国新泽西州的通用汽车工厂中投入使用。

杨小鹰的机器人发展简史

1921年

捷克剧作家卡雷尔·恰佩克的剧本《罗索姆的万能机器人》中首次提出了"机器人"这一词汇。

1942年

美国科幻小说作家艾萨克·阿西莫夫提出了机器人三原则，成为机器人道德和安全的理论基础。

1948年

英国科学家威廉·格雷·沃尔特制作了被称为"乌龟"的简单自动移动机器人。

2010—2019年

机器人技术与大数据、云计算、AI结合，推动智能化发展，应用于家庭、服务等领域。

2024年

"具身智能"成为现实，人形机器人进入发展快车道，这一年被称为"人形机器人元年"。

王小飞的学习笔记

1. 机器人

机器人是一种能够执行预先编程任务的自动化机器。它们可以模仿或替代人类进行各种工作，从简单的生产线任务到复杂的手术操作。机器人通常由传感器、执行器和控制系统组成，能够感知环境、作出决策并执行任务。打个比方，机器人就像是一位能动、能思考的小伙伴，它们可以帮助人类完成各种任务。机器人可以是像人一样的机器，也可以是一般意义上的机器，譬如车子、机床、吸尘器等等。它们通过程序和传感器来做事情，就像是一个智能玩具，但比玩具更厉害！

2. 自动化

自动化是指利用机器人、计算机或控制系统

来执行任务而无须人类直接操作的过程。通过自动化技术，可以提高生产效率、减少人为错误，并实现连续、高质量的生产流程。简单来说，自动化就是让机器能够自己完成任务，不需要人类一直指挥。比如，你可以设置洗衣机自动洗衣服，它会按照你的设定来工作，不需要你一直盯着它。自动化让我们的生活变得更便利，也让工作更高效！

167

3. 工业机器人

工业机器人就是在工厂里帮助生产的机器人。它们可以帮忙组装汽车、手机等产品，比人类更快、更精确。工业机器人通常比较大、结实，可以完成重复性高、危险性大的工作，让工厂生产更加高效。它们的样子通常跟人不搭边，更像机器。

4. 协作机器人

协作机器人是一种能够与人类共同工作的机

器人。它们通常具有传感器和智能控制系统，可以感知周围环境和人类动作，以确保安全合作。协作机器人可以与人类共享工作空间，互相协助完成任务。它们就像是懂礼貌、懂合作的小伙伴，可以和人类一起工作，互相帮助。协作机器人让工作更有趣、更轻松！

5. 自由度

自由度是描述物体或系统在空间中能够自由运动的程度。在机器人领域，自由度通常指机器人的可动关节数量，即机器人能够在多少个方向上运动或旋转。高自由度的机器人可以实现更多样化、灵活的动作，提高其适应性和操作能力。简单来说，一个机器人自由度的数值越高，那么这个机器人就越灵活，适应性越强。那么如何计算一个机器人的总自由度呢？很简单，将所有关节的自由度相加就可以啦！

Y 老师的思考题

169

1. 机器人是否应该被允许帮助学生做家庭作业？

查理：

当然应该！机器人可以帮助我们更快完成作业，让我们有更多时间做自己喜欢的事情。

王小美：

不应该！这样会让我们失去学习的机会，自己做作业才能真正学到知识。

2. 机器人是否能成为人类真正的朋友？

查理：

能！机器人如果有情感，就可以理解我们的感受，成为很好的朋友。

王小美：

不能！真正的友谊需要人类的情感和共鸣，机器人只是程序的集合。

3. 机器人是否应该参与竞技体育？

查理：

应该！机器人参与体育可以帮助发展更高科技的体育装备，让比赛更刺激。

王小美：

不应该！体育是展示人类体能和精神的舞台，机器人的介入会失去体育的意义。

4. 机器人是否应该拥有权利和自由？

查理：

应该！如果机器人有意识，他们就应该享有基本权利，像人类一样。

王小美：

不应该！机器人只是人类创造的工具，给它们权利会导致法律和道德的复杂问题。

5. 未来社会中，机器人是否应该替代人类工作？

查理：

应该！机器人可以做得更快更好，让人类有更多时间享受生活。

王小美：

不应该！这会导致失业和社会问题，人们会失去工作的价值和意义。

6. 机器人是否应该参与政府决策？

查理：

应该！机器人可以进行无偏见、基于数据的决策，提高政府效率。

171

王小美：

不应该！政府决策需要人类的理解和情感，机器人无法全面考虑人的福祉。

一起动手吧

1. 动手制作简单的机器人

使用易于获取的材料（如纸板、电机、电池和开关）制作一个简单的机器人。

2. 实地参观

组织一次实地考察，了解工业机器人在生产中的应用场景。

3. 机器人社会调查

自行设计一个问卷，对身边的人进行调查。了解他们对机器人技术的看法和接受度。然后将调查结果汇总分析，得出你的看法和结论。如果有时间的话，还可以制作成可视化的图表或 PPT，展示调查结果。

4. 设计家庭机器人

173

设计一种假想的家庭用机器人，描述其功能、外观和使用的技术。

5. 设计火星机器人

了解火星的情况，设计一款机器人。这款机器人不仅要能适应火星的环境，同时还可以帮助人们更好地建设火星。

联系 Y 老师

　　同学们，上面的思考题和动手题，Y 老师都希望你可以想一想试一试，如果你有什么好的想法，或者遇到什么困难，也欢迎你随时联系 Y 老师。

我在这里等你哦：公众号"少年 AI 漫游指南"

邮箱地址：AskTeacherY@outlook.com

内容提要

在风景如画的滨海市,三所风格迥异的学校——棉花糖学校、顶峰学校与奋进学校,构成了充满竞争与友谊的"校园三国"。全书以三所学校的科技活动为主线,通过轻松幽默的校园故事,逐步带领孩子走近航空航天、自动驾驶、机器人、虚拟现实、人工智能、绿色能源等12个前沿科技领域。故事中,三所学校的孩子们积极运用科技的力量来解决学习与生活中的难题,在实践中加深了对科技的理解。

除故事外,每个章节特别增设了"科技发展简史""学习笔记"和"一起动手吧"三个板块,让孩子在趣味阅读中了解科技知识,拓展科技视野。

图书在版编目(CIP)数据

校园三国之炫酷科技 / 柴小贝,戴军著 . —— 上海:
上海交通大学出版社,2025.3. —— ISBN 978-7-313-32116
-9

Ⅰ. N49

中国国家版本馆 CIP 数据核字第 2025LT2446 号

校园三国之炫酷科技
XIAOYUAN SANGUO ZHI XUANKU KEJI

著　　者:柴小贝　戴　军
出版发行:上海交通大学出版社　　　地　　址:上海市番禺路 951 号
邮政编码:200030　　　　　　　　　电　　话:021-64071208
印　　制:上海景条印刷有限公司　　经　　销:全国新华书店
开　　本:880mm×1230mm　　1/32　总 印 张:21.25
总 字 数:241 千字
版　　次:2025 年 3 月第 1 版　　　印　　次:2025 年 3 月第 1 次印刷
书　　号:ISBN 978-7-313-32116-9
定　　价:118.00 元(全 4 册)

校园三国之
炫酷科技 II

柴小贝 戴军 著
海鸥 绘

上海交通大学出版社
SHANGHAI JIAO TONG UNIVERSITY PRESS

来啊，与 Y 老师和小伙伴一起玩耍 PK~

扫码关注
【少年 AI 漫游指南】

加入故事里的科技探险……

内容简介

在风景如画的滨海市，三所风格迥异的学校——棉花糖学校、顶峰学校与奋进学校，构成了充满竞争与友谊的"校园三国"。全书以三所学校的科技活动为主线，通过轻松幽默的校园故事，逐步带领孩子走近航空航天、自动驾驶、机器人、虚拟现实、人工智能、绿色能源等 12 个前沿科技领域。故事中，三所学校的孩子们积极运用科技的力量来解决学习与生活中的难题，在实践中加深了对科技的理解。

除故事外，每个章节特别增设了"科技发展简史""学习笔记"和"一起动手吧"三个板块，让孩子在趣味阅读中了解科技知识，拓展科技视野。

🪐 郑永正

棉花糖学校科学课老师，斯坦福大学退学博士，学生们起花名"歪老师"，代号"Y老师"。

🪐 华山

棉花糖学校教导主任，身材魁梧，隐秘的"武林"高手。

🪐 陆言

棉花糖学校"掌门人"，儒雅博学，教育改革家，Y老师当年的班主任。

何苗

棉花糖学校六（6）班班主任，说话温柔，笑起来有两个酒窝，喜欢花花草草。

王小飞

棉花糖学校学生，双胞胎哥哥，冷面学霸，隐藏的体育高手。

王小美

棉花糖学校学生，双胞胎妹妹，班长，手工达人，能歌善舞，热情，有正义感。

马大虎

棉花糖学校学生，出名的顽皮鬼，黑黑的皮肤，高高壮壮，篮球高手，Y老师忠实粉丝。

刘星星

棉花糖学校学生，马大虎好朋友，航天迷。

杨小鹰

棉花糖学校学生，很爱笑的开心果，喜欢科学，爱读书。

查理

棉花糖学校学生，爸爸是英国人，妈妈是中国人，一头金发，满口东北话，天然呆。

芭芭拉（柳青）

顶峰学校校长，从头到脚精英范，衣着考究，英语老师。

史蒂芬·赵（赵勇）

顶峰学校学生，身材高大，相貌俊朗，穿着考究，智商很高，喜欢装腔。

戚华

奋进学校校长，人称"卷王"之王，中等身材，高颧骨，面部轮廓分明，眼睛不大但眼神坚定，略显严肃。

尤大志

奋进学校学生，小版"卷王"，中等个头，样子不突出，但眼神坚定。

伍理想

奋进学校学生，一个性格有点跳脱、喜欢运动的孩子。父母对他寄予厚望，但他在学校里感觉很压抑。

滨海，一座位于南方海岸线上的美丽城市。

这里依山傍水，历史悠久，有很多网红打卡景点。近代以来，港口贸易的发展，让滨海又成为连接世界的重要出口。生活富裕，美食众多，滨海一直稳居全国宜居城市的前十。

在美丽的滨海，有三所著名的学校，备受家长们追捧。这其中鼎鼎大名的当属顶峰学校，它是滨海市最老牌的精英学校，历史悠久，盛名在外，简直就是滨海教育界的金字招牌。优秀的毕业生更是层出不穷，比如，郑永正老师这样的青年才俊，就是当年在顶峰学校陆言老师的得意门生。

顶峰学校人才济济，陆言、戚华还有现在顶峰学校的校长——"女魔头"芭芭拉，三个都曾是顶峰学校的教师骨干，也曾是比肩合作的老友，终因为理念不同而分道扬镳。陆老师创办了棉花糖学校，戚老师接管了奋进学校，芭芭拉留在了顶峰学校成为掌门人。三位个性独特的领头人，都在各自

领域闪闪发光，于是顶峰学校、棉花糖学校和奋进学校形成了三足鼎立之势，成为滨海赫赫有名的"校园三国"。

顶峰学校以其悠久的历史和强大的校友网络而闻名，这里的学生大多出身不凡，在顶峰学校上学也让他们有着不少优越感。顶峰学校的家长们藏龙卧虎，能量无限，因此顶峰学校的学生们眼界和见识也自然常常超越同龄人，他们经常在各种比赛中表现不凡，也让顶峰学校的学生有点超乎年龄的自负。可能是拥有的太多，顶峰学校在盛名之下，少了点脚踏实地的坚持，学生们擅长的事情很多，专注的事情却很少。

奋进学校曾是滨海学校中第二梯队的领先者，而自从戚华空降做了校长后，他把奋进学校带进了滨海前三。戚老师绝对是个人奋斗的典型，他出生在一个贫困山区，是家中的老大，父母都是农民，为了供他上学异常艰辛。而戚华也没有辜负父母的

期望，是当年的高考状元，成了家乡的骄傲。在奋进学校，戚老师常挂在嘴边的话就是"爱拼才会赢"。奋进学校以其严格的考试制度和对成绩的重视而闻名，家长们都觉得奋进学校的学风很正，学生们勤学苦练，目标坚定，但过于严格的环境也让不少学生感到压力山大。

在这三所学校里，虽然棉花糖学校成立时间最短，建校不过 10 多年，却以独特的教育理念迅速崛起，成为滨海顶尖学校中的一匹黑马。别看学校的名字软绵绵的，棉花糖学校的硬实力却不容小觑。棉花糖学校以其快乐的教学方式和对解决问题能力的重视而闻名。学生们在学习中感到快乐和有动力，他们能够自由地探索自己的兴趣和提升自己的才能。陆言校长希望学校就像棉花糖一样，松软香甜，让同学们在学习中感到有趣快乐，充满想象力和创造力。

目 录

四

虚拟现实篇

灵境游学记

引子

2023 年 6 月，全球科技巨头苹果公司推出了自己的 VR 眼镜 Vision Pro，一时间很多追赶潮流的科技狂热者们戴着一个大大的长得像滑雪镜的 VR 眼镜在街道上或地铁上摇头晃脑，像是某种诡异的外星物种。透过佩戴的 VR 眼镜，他们与真实的世界完全分离，在他们眼前展开的是一个全新、虚幻的世界。

虚拟现实（Virtual Reality）是一种让我们体验完全新世界的技术，通过佩戴特殊的设备，我们可以身临其境地体验各种不同的场景和情境，比如恐龙横行的侏罗纪时代，或者巨齿鲨穿梭的深海世界。

早在 20 世纪 90 年代，VR 概念提出时，我国航天事业奠基人、伟大的科学家钱学森就为它起了一个梦幻般的名字——"灵境"，寓意着虚拟现实技术能够带给人们如梦如幻的体验。近年来，VR 技术在中国一直在蓬勃发展，已经出现了 VR 的远程教育平台，让农村的学生能够享用更好的教育资源；VR 游戏也成了很多小朋友的挚爱，医生可以在虚拟手术室中实践手术，工程师可以在虚拟实验室中设计和测试复杂系统……

　　在"灵境"世界里，一切皆有可能。在科技竞赛中不断升级的紧张关系，让滨海三大校都摩拳擦掌，积极备赛，迎接下一个挑战。

密　谋

在滨海市的一个地铁站出口，尤大志和伍理想正站在人称 W 记的知名快餐连锁店门口。

"大志，吃甜筒不？今天 W 记的甜筒第二件半价哦！"伍理想一边透过自己刚拿到的 AR（增强现实）眼镜四处打量周围的环境，一边问道。

他刚刚已经通过扫描 W 快餐店的招牌，获得了一份甜筒优惠券。

不得不说，这 AR 眼镜真的是太方便了。

扫了一眼 AR 眼镜显示的时间，伍理想发现他们两个在这里站了已经快二十分钟了，但是约他们来这里的人却一直没有出现。等得有点不耐烦的他也想做点什么打发一下时间。

尤大志不耐烦地摆摆手，眼睛还在扫视着四

周，希望尽快看到那个人。

他们两个今天之所以到这里，是因为昨天收到了一张神秘的纸条。这个纸条里说，如果他们奋进学校想要打败棉花糖学校赢得比赛，那就在今天的这个时间在这里跟他碰头。那人在纸条里面声称，他有一个绝对能够击败棉花糖学校的办法。

正常情况下，这种来历不明的纸条，尤大志都懒得多看一眼。有那个时间还不如再去刷两张卷子呢！

但是，棉花糖学校连续这么多次在科技大赛中击败奋进学校，已经成了尤大志和他的队友们心中的一根刺。现在有机会百分百干掉棉花糖学校，那么这个碰面的价值可就不是两张卷子可比的了。

尤大志看了看表，然后把那个纸条拿出来仔细地又看了一遍，时间、地点都没错。

"闲着也是闲着，吃点呗。"已经买好了甜筒的伍理想递给尤大志一支。

尤大志伸手接了过来，叹了口气："吃完这个甜筒，如果对方还没来，咱们就回去吧。也不知道是什么人，开这种玩笑！"

就在这时，一个戴棒球帽和墨镜，脸上还戴着口罩的男子突然出现在两人面前。

"奋进学校？尤大志？"那人用故意压低的声音说道，一边说话还一边向周围看去，似乎在提防着什么人似的。

"我是奋进学校的尤大志。写纸条给我们的就是你吗？"尤大志有点不确定地看着这个把自己

5

裹得严严实实，行动鬼鬼祟祟的家伙。

那人点了点头，回应了尤大志。然后他又左右看了看，压低声音道："这里不安全，咱们到里面说。"

尤大志和伍理想对视了一眼，有点无奈地跟着他走进了 W 快餐店。

三人找了一个角落坐下，那人才把墨镜和口罩摘了下来。

"是你啊！"两人异口同声道。面前这人原来是顶峰学校的史蒂芬·赵，赵勇。

"嘘，小声点！"史蒂芬·赵压低了声音。

"至于嘛，搞得这么神神秘秘的。"伍理想有点不以为意。

"快点说说吧，希望你下面说的话，值得我们等这么久！"尤大志有点不耐烦，干等了这么久，心里多少还是有点不高兴的。

确认完周围的环境，史蒂芬·赵也放松了一些，他恢复了平日傲娇的神态："绝对物超所值！

这个事情要想成功，就要确保不能让棉花糖的人知道。这是击败他们的关键！你们也很想打败他们，对吧？"

听到棉花糖三个字，尤大志和伍理想的兴趣也被勾了起来，身子不由得向前倾。

看到两人的神态，史蒂芬·赵得意道："我得到可靠消息，滨海市还要举行一次科技方面的比赛！"

"我还以为是什么事呢，就这？！"伍理想不屑道，"谁不知道滨海市教育局喜欢搞比赛啊！"

尤大志也道："对啊，光是这个消息就能打败棉花糖吗？你开什么玩笑！"

"你们别急啊！"史蒂芬·赵压低声音道："如果我告诉你，这个比赛要一个月以后才会对外宣布，而我现在就能告诉你们所有比赛的细节呢？"

尤大志和伍理想对视一眼，顶峰学校的神通操作他们早就有所耳闻，心领神会道："那咱们就比他们多了一个月的时间准备了！"

见两人理解了自己的意思，史蒂芬·赵继续道："这次的比赛主题是虚拟现实，我这里有一份详细的比赛细节，你们回去可以好好研究研究……"

这一天，三人聊到很晚才各自离去。

体验自制 VR

"查理，又在玩什么啊！"马大虎一走进活动室，就发现查理正拿着几块硬纸板忙活着，不知道在干什么。

"我在弄一个 VR 头显。"好像是怕马大虎不懂，查理想了想，又解释道，"就是 VR 眼镜，能让你 360 度沉浸式体验虚拟世界，对了，这玩意儿也有人叫作虚拟现实。"

"虚拟现实我知道啊，可你这……这也太那啥了吧！"马大虎当然知道什么是 VR，什么是虚拟现实，毕竟他家里的游戏机就配了一个挺高级的 VR 眼镜，专门用来玩 VR 游戏。

看到查理用硬纸板拼起来的盒子，还有上面那两个一看就很廉价的塑料透镜和一根橡皮筋，马大虎完全无法把眼前这个东西跟虚拟现实这样高科技的概念联系起来。

"这确实是一个 VR 眼镜，准确地说，这是历史上第一款被大规模使用的 VR 眼镜。"这平静到几乎没有感情的语气当然是王小飞的专利了。

"就这，普及，VR？"马大虎拿起查理已经组装好的纸盒子，然后试着戴在头上，发现除了眼前黑乎乎的，什么都没有。

"你这个虚拟现实恐怕展示的就是无尽的黑夜是吧，啥也没有啊！"马大虎不客气地嘲笑起来，还十分有文采。

"还没弄完呢！看把你急的！"查理有点生气地从马大虎头上把 VR 头显拿下来，"这个 VR 眼镜必须配合一台智能手机才行！"

你忘记放手机了。

10

说罢，查理在自己的手机上点开了一个应用，然后把手机横过来放进了 VR 眼镜的纸盒子里面固定好。

然后，查理把组装好的 VR 眼镜戴上测试了一下，就脱下来递给马大虎："你再试试！"

闻言马大虎又戴上，果然，这次眼前出现了立体的画面。并且，随着他转动头部和身体，周围的景象也能正确地跟随和旋转。

玩了一会儿，马大虎脱下了这个 VR 头显，结果发现周围已经围了一圈的人。

"到我了哈！"刘星星一把拿过 VR 头显，自己开始玩起来。其他人则围着他准备体验一把这个看上去十分简陋的"高科技"产品。

"感觉如何？"不知什么时候，Y 老师已经进来了。

马大虎想了想："怎么说呢，确实是 VR，但是画面太粗糙了，而且不能随便转头，太容易头晕了，戴一小会儿就觉得眼睛很累。反正啊，跟我家里那个 VR 头显的体验差太远。"

"我这个 VR 一套下来成本还不到 5 块钱，你家那个恐怕得 5000 了吧。5 块钱啊，一瓶饮料的钱，你还想什么自行车呢！"查理在一旁不屑道。

Y 老师也点点头："这个 VR 眼镜的设计思路非常巧妙，利用市面上已经非常普及的智能手机，用很低的成本让大家能够体验 VR，确实了不起。"

很快，大家就全部体验过了这个纸盒子 VR，并且没有什么再次体验的欲望。

看来，马大虎也没说错，这个东西的体验确实不怎么样。

Y 老师这时把大家招呼过来："这个简易的 VR 装置是我让查理做的。也想让大家先接触一下虚拟现实。这个装置虽然很简单，但却具备了 VR 的所有基础功能和结构。"

"老师让我们接触这个，恐怕不是体验一下这么简单吧！"说话的是王小美。闻言大家也纷纷点头附和。

Y 老师也不避讳："今天接到通知，两个星期后举行滨海市虚拟现实应用大赛，参赛队伍需要设计出虚拟现实相关的应用，评委将会从创意和价值两个维度作为主要的评分标准。"

马大虎挠了挠头："老师，两个星期的时间也太短了吧，我们虽然都玩过 VR 游戏，但是要开发一个应用，还要有创意，这怎么可能啊！"

"说到底，咱们对于虚拟现实的了解还是不够。"王小飞冷静道。

"嗯，是的，"Y 老师点点头道，"你们说的都没错，时间很紧，咱们对这个的了解也不多。所以，咱们明天就利用周末的时间去参观一个虚拟现实的展览，好好补补课！"

听到又能去看展览，大家立刻欢呼了起来。

13

虚拟现实博览会

虚拟现实博览会就在滨海市会展中心举行。为了这个展览，整个会展中心都被装扮得未来感十足。从入口处的展区地图看来，博览会被划分为技术展区、应用展区、体验区和虚拟现实创新论坛几个部分。

在博览会的入口处，可以领取免费的VR头显，也可以借用AR导览眼镜。免费的VR头显其实就是查理之前做的那种，大家已经体验过了，兴趣不大。不过，AR导览眼镜倒是引起了众人的兴趣。

然而，对这个东西感兴趣的人太多了，马大虎和查理费了九牛二虎之力也才抢到一台。

这个眼镜可以充当导航和解说的功能。当你需要前往某个地点的时候，AR眼镜可以为你实时指引前进方向，如果需要详细了解某个产品，则可以用AR眼镜扫描这个产品的实体或二维码，就可以获得语音解说了。

既然这个东西如此方便，在大家的一致"推举"下，马大虎同学就光荣地成为大家的"导航工具人"。

"咱们去技术展区看看吧，瞧瞧最新的技术进展！大虎，前面带路！"查理兴奋地拍着马大虎的肩膀，大声道。

马大虎深深地叹了一口气，有气无力地对 AR 眼镜说道："技术展区。"

"技术展区位于 E 展馆，是否需要导航？"略显生硬的语音在耳边响起。

"导航！"

"导航开始！请向前直行 50 米，然后右转！"

……

马大虎在前面一脸生无可恋地走着："这帮人，真是让人头疼……"

"了解，请稍候……已为你找到附近的两家医院，是否前往？"

听到 AR 眼镜的胡乱搭腔，马大虎再次叹了一口气："忽略指令，继续导航前往技术展区……"

技术展区是不同公司和研究机构展示他们最新研究成果的地方。

虚拟现实相关的技术非常多，有能够构建出整个虚拟空间的 VR 和 AR 装置，有为虚拟现实提供低延迟、高带宽的信息通道的网络和通信技术，还有几乎无处不在的 AI 人工智能技术等等。

刘星星戴上了一个著名的科技公司——水果公司最新的 VR 设备后直呼过瘾。

"这个 VR 眼镜完全不会头晕啊，你看，不管我怎么转，感觉都跟没戴的时候一样，太绝了。"

水果公司的讲解员小姐姐在旁边讲解道："我们的这款产品采用了单眼 4K 分辨率和每秒 240 帧的刷新率，极大地缓解了眩晕和视觉疲劳的问题，提高了用户使用时的沉浸感。"

这时，马大虎和查理偷偷地走到了刘星星的面前，准备好好地捉弄这家伙一番。要知道，当一个人戴上 VR 眼镜的时候，他所看到的就只是虚拟世界，这时候无论你在他面前做什么，他都是毫无感觉的。

马大虎和查理在刘星星面前做了好几次鬼脸，然后打算伸手去拍他，吓一吓他。哪知道刘星星突然伸手挡住了马大虎和查理的手，然后疑惑地问道："你们两个干吗打我啊，还有，刚才为什么要做鬼脸？"

马大虎和查理吓得连连后退几步："你能看到？"

刘星星边说边脱下头显："当然看得到，还非常的清晰，对了，我还帮你们录了像，已经发到班群里面了！"

"好你个刘星星，居然装作看不见，看打！"查理和马大虎这会儿哪还能不明白刘星星刚才就是故意的，立刻冲上去狠狠地给了刘星星几下。

这可把一旁解说的小姐姐看乐了，她好不容易忍住笑解说道："我们这款产品的其中一个亮点就是配备了 8 个摄像头，可以让用户在使用产品

17

的时候也能随时获得外部的影像。"

离开了技术展区后，一行人又来到展示应用场景的展区，在这里大家看到了虚拟现实技术在教育、娱乐、医疗、制造、科研等各个领域的应用。

这里有可以带领学生们穿越历史、遨游天地的虚拟课堂，沉浸式体验的影视作品和游戏，能够模拟真实手术环境、帮助医生提高医疗水平的虚拟手术室，能够辅助人类开展复杂精密制造和维修的 AR 工具等等，让人目不暇接。

"虚拟现实博物馆实在太震撼了，以后看展览不要太爽。"杨小鹰感慨道。

"那个在虚拟空间里进行产品设计和测试的应用也很厉害啊，以后我要是想弄个新东西，就可以在虚拟现实里先开发个虚拟版本，等在虚拟现实测试好了再制造出实物来，效率又高，还省钱。"查理兴奋地说。

"我倒是觉得虚拟课堂挺好的，这样上课肯定是有趣多了。"马大虎也发表了自己的看法。

"是吗？不见得吧。上数学课的时候，那些公式啊，数字啊围绕在你的周围，360度无死角的那种，连走神都不知道看哪里，你是不是还觉得挺好的？"王小飞冷冷道。

听到这里，众人一阵恶寒，齐齐摇头。

还真是应了那句话，没有什么东西是十全十美的啊。

何老师来了

随着叮叮咚咚的上课铃声，同学们也纷纷走进教室，然后迅速地安静了下来，开始了新的学习。

然而，六（6）班的课室却像是沸腾的开水一般，久久不能平静。

　　他们的班主任何苗老师，这个学期第一次出现在讲台上。何老师担任六（6）班的班主任已经三年了，大伙都很喜欢这个说话温柔，笑起来还有两个酒窝的大姐姐。这不，何老师刚进课室就给大家发了一大堆各式各样的零食，有红薯干、花生、柑橘，可把大家开心坏了。

　　"何老师，这段时间你都干吗去了啊？我们全班都可想你了！"马大虎一边大快朵颐，一边大声喊道。

　　"你是想念何老师的零食吧！"王小飞无情地拆穿了马大虎，引来一阵哄堂大笑。

　　何老师笑了笑道："老师这段时间去北部山区支教了。"

　　"支教是啥玩意儿？"查理不解。

　　"就是去教山里的孩子读书！"刘星星解释道。

　　"哦……支教好玩不？"查理继续追问道。

　　"怎么说呢？其实还是挺有意思的……"何老师略略回忆了一下，"山里的孩子们都很淳朴，很活泼，也很爱学习。但是他们那里条件太差了，缺课室、缺教具、缺文具，几乎什么都缺。最要命的是缺老师。"

　　听到这些，不少同学们若有所思地点点头。

　　"那何老师你还要再去那里教书吗？"王小美略有担心地问道。

　　"我的支教是接力支教，本来只需要一个学期的。不过这个学期新的老师一下子没找到，所以我又多坚持了一段时间。"何老师笑着跟大家解释道。

接着，何老师又跟大家讲了很多在山区支教的故事，让大家唏嘘不已。

大家还是第一次了解到自己视作理所当然的很多事情，在那里却是无法企及的奢望。

"接替我的是一名应届大学毕业生，热情很足，不过还是缺乏教学经验。"何老师最后不无担心地说道。

听到何老师不会离开大家，所有人都是开心的。毕竟，学校安排的代课老师真的没有何老师好，从各个方面来说都是。但是，想到山区孩子们也需要老师，大家的开心还是蒙上了一层灰暗，似乎这种开心都变得有了负罪感。

难道就没有什么更好的方式来解决这个难题吗？

当然，这么艰难而伟大的命题，现在还轮不

到咱们班的同学们解决，毕竟，何老师虽然温柔，但在教学上却不含糊。这不，刁钻的课堂提问已经开始了。

不想被何老师"温柔"地留堂补课，最好还是打起十二分精神吧。

虚拟现实支教

放学后的棉花糖校园里依旧热闹，各色的体育活动、社团活动、兴趣小组在校园的各个角落活跃着。

而此刻，在科学社团的活动室里，气氛却很沉重。

"一想起何老师说的那些山村的孩子，就总是想做点什么……"王小美托着腮苦思。

"是啊，要不咱们发动一次募捐吧……"杨小鹰积极回应。

"好啊，好啊，咱们找找其他班的班长，一起商量一下呗！"王小美听完兴奋起来。

"我说你们两个别跑题行不行，今天咱们的主题是虚拟现实比赛，比赛知道吗！时间紧，任务重……了解？"马大虎没好气地打断两人。

"我们这不是看反正也没什么想法，打算活跃一下气氛嘛！"王小美不高兴了。

"你们都别吵了，这都三天了，一点头绪都没有。你们说，虚拟现实大赛，咱们要拿什么去参加比赛呢？"刘星星趴在桌子上，有气无力地问道。

"准备的时间太短了，重新设计硬件什么的就别想了，还是直接设计一个具体的应用吧。"查理回应道。

"还用你说，我们都知道要设计应用，问题是，设计什么应用啊……"王小美无力地回怼。

听到大家的讨论，Y老师合上正在读的《沉思录》："开发应用的目的是解决面临的困难、难题或者挑战，所以，你们不应该凭空去想什么应用，而是要去找到那个需要你们去解决的问题。"

一语惊醒梦中人，所有人似乎被这句话打通了任督二脉，立马开始讨论起来。

突然，马大虎一拍桌子："支教！支教！"

查理和刘星星立刻明白了他的意思："对啊，开发一个虚拟现实支教的应用，太棒了！"王小飞也推了推眼镜，平静地总结道："可行！"

王小美兴奋道："好啊，那咱们赶紧去找何老师，详细了解支教的需求吧！"

看到大家打开了思路，Y老师从旁边拿起一本《哲学研究》开始读了起来。

奋进学校：AR 学习眼镜

一转眼就来到比赛日，比赛的地点依然选择了滨海体育中心的体育馆。

为了能够测试不同类型的虚拟现实应用，组委会根据各个参赛队伍提交的应用说明，对比赛场地进行了特别的安排。

评委对于每个参赛项目都会统一进行体验，然后由参赛队伍选出代表对项目进行讲解并接受评委的提问。

通过抽签，各个学校的参赛队伍决定了各自的出场顺序。

第一个出场的就是奋进学校，他们的参赛项目是 AR 学习眼镜。

还真别说，这台 AR 学习眼镜从外观上看相当不错。奋进学校选择了目前市面上一台高性能的AR 眼镜作为开发的硬件基础。

当三位评委戴上这台 AR 眼镜并启动后，他们发现眼前出现了三个选项：练、批改、复习。

这时，担任讲解的尤大志向评委们介绍道："你们现在拿到的是我们首创的虚拟现实 AR 学习眼镜。这个 AR 学习眼镜的功能主要有三个，也就是练习、批改和复习。它最大的特点就是能够帮助学生们随时随地地复习各科的知识点，做练习、刷卷子，还能通过内置的人工智能程序批改已经做好的卷子。"

27

28

评委们点开了每个选项，逐一测试，发现确实还挺好用的。

就拿做练习来说吧，学生们无论身处什么环境，都可以在眼前生成练习题，然后开始刷题。这款 AR 眼镜还贴心地配备了一对耳机，这样一来，就连英语听力都能完成。

至于批改功能更是方便。评委们分别拿到了一张学生们的练习卷，卷子还没有批改。当评委们用 AR 眼镜去观看某道题的时候，眼镜会自动扫描和识别题目，并且判断答案是否正确。如果发现是错误答案，就会给出正确答案和解题思路。

"神器啊！"评委中有一个 AR 企业的老总，对于这款产品赞不绝口，"这款产品实用性很强，完美地满足了同学们积极学习的愿望，产品完成度很高，几乎可以直接投放市场！"

顿了顿，这位评委又对尤大志说道："我将给出满分的评价，同时，我承诺，无论比赛最终结果如何，我都将收购这款产品，将其推向市场！"

听到这个宣言，奋进学校的同学们兴奋地鼓起掌来。尤大志也有意无意地向着顶峰那边投去一个眼神。

顶峰学校：沉浸体验

这次比赛一开局就是开门红，奋进学校的出色表现让组委会也大为振奋，观众们也在期待着更加优秀的创意的出现。

然而，并不是所有学校都有这么强的实力，也不是所有学校都有那么充足的准备时间。接下来的七八所学校，包括滨海一中这样的老牌强队拿出的应用都差点火候。这里面不乏一些有创意的点子，奈何完成度不高。

现场的气氛顿时冷了一些。

"这届的参赛队伍不行啊，这开发的应用基本都是半成品啊！"马大虎疑惑道。

"不是别人的完成度不高，而是奋进的完成度实在太高了。"王小飞冷冷道。

毫无悬念，奋进学校之后的参赛学校的分数全都比他们低了一大截。

很快就轮到顶峰学校的应用出场了。

他们的应用主题是沉浸式的地理课。地理课一向是教学上的难点，无论如何，学习地理的时候都没办法带着同学们真正去到世界各地。这就把一门本来非常精彩的课程变得十分的枯燥乏味。

代表顶峰学校进行讲解的是史蒂芬·赵。史蒂芬·赵拿起面前一个科幻感十足的 VR 头显装置介绍道："各位评委面前的这个装置是一个高配版的 VR 眼镜，我们将其命名为'顶峰号'，因为这个 VR 眼镜的所有方面都是顶级的。它具有超过 150°的视角，在保证单眼 4K 分辨率的前提下，还能提供高达 240 帧的分辨率。而我们则基于这款高性能的 VR 眼镜，开发出了一堂精彩绝伦、激动人心的地理课。下面，就让我们开始这次的发现之旅吧！"

随着史蒂芬·赵慷慨激昂的发言，评委们也在顶峰学校同学们的帮助下，戴好了这个头显，并开启了应用。

在接下来的 15 分钟里，评委们穿越时空，来到世界各地观察不同的地形地貌，接着，画面一转，开始从地球诞生演示整个世界的地理变迁，不同时期的地球风貌一一展示了出来。最后，这个应用还带着大家来到太空之中，从这里观察整个地球的形态，了解季风、洋流等等气候现象的形成和影响。

全场的观众也通过外部的大屏幕看到了整个过程，发出连连的惊叹。

体验结束后，一位专门研究 VR 的专家感慨道："这个应用不但创意十足，也具有非常高的实用价值。刚才听到现场观众的感叹声，应该是对这些精彩内容的肯定。不过，我可以肯定地告诉大家，通过 VR 眼镜看到的比大屏幕还要精彩几十倍，甚至 100 倍。我强烈建议大家通过 VR 眼镜再来体验一次，绝对更加震撼！"

毫无疑问地，顶峰学校的应用也拿到了非常高的分数，甚至比奋进学校还要高出几分。

棉花糖学校：VR 课堂

经过前面的比赛，顶峰学校和奋进学校毫无悬念地来到了比赛分数榜的前两位。这让在场所有人都对棉花糖学校的参赛应用更加感兴趣。要知道，棉花糖学校在前几次的科技大赛中都是力压顶峰和奋进，夺得了冠军的。

很快，就到了棉花糖学校的应用展示。一位评委看着面前如同纸壳子一样简陋的设备和平板电脑，有点不确定地向其他评委小声问道："这个东西是不是就是好多年前那个用硬纸皮做的 VR 眼镜？"

其他评委认真研究了一下，纷纷点头。

"这个是不是普通的平板电脑？"他指着桌面上的那块平板电脑问道。

大家又点了点头。

这时候所有人心中的疑惑更大了：纸壳子的 VR 眼镜加平板电脑，用这样的设备来参赛，棉花糖学校这是要唱哪一出呢？

负责讲解的是王小飞，他拿出一个纸壳子一样的 VR 眼镜介绍道："各位评委，我们参赛的应用叫作：比邻 VR 课堂。我们在早期纸壳 VR 头显的基础上进行了改进，配合市面上有着较高性能的手机，可以组合成一款佩戴起来相对比较舒适的 VR 头显。同时，我们利用手机的后摄像头，让我们的 VR 头显具有了对现实世界的扫描能力，对周围环境有了一定的感知能力。"

说罢，王小飞戴起了头显，然后说道："让我们一起进入这个'天涯若比邻'的 VR 课堂吧！"

评委们戴上了这个简陋的头显，结果发现效果并不是那么糟糕，虽然比不上顶峰学校那种豪华设备，但是也不会让人感觉不适。

　　而评委们看到的，则是一个由 3D 卡通风格构建的课堂，讲台上是一名扎着短马尾的女性老师，她正在为同学们上一堂语文课。

　　而向左右看去，还能看到周围有不少同学在听课。

　　"柱子同学，你来回答这个问题，这首《观沧海》表达了诗人怎样的情感？"台上的老师提问道。

　　"这首诗表达了诗人喜欢大海，心里有远大志向……"这个叫作柱子的学生的声音在变小。

　　此时，音乐还听到周围有一些笑声。

　　"很好！其他同学还有补充吗？王小美。"老师继续引导同学们。

"诗人来到海边看到大海气势磅礴，抒发了诗人想要一统天下的雄心壮志和豪迈自信。"王小美答道。

"两位同学都回答得很好！……那边的刘星星，不要跟旁边的铁蛋聊天了哈……"老师开始维持课堂纪律，下面的同学则一片哄笑。

看到这平平无奇的课堂，听到这与普通上课无异的内容，评委们也失去了兴趣，纷纷取下了 VR 眼镜。

这个应用，如果说有一些亮眼的地方，也就是这个把手机摄像头作为探测外部的摄像头的想法有点意思。这么说其实是对比原版的纸壳子 VR 眼镜而言，如果对比当下市面上的一流产品，那也不能算是什么创新的想法。

看来这次棉花糖学校的应用是远远不如顶峰和奋进两所学校的，甚至还不如滨海一中的那个介绍中国古建筑的互动小游戏。

就在评委准备结束棉花糖学校的应用展示的时候，王小飞推了推眼镜道："我们这款应用充分利用了虚拟现实技术的特点，将山区学校的学生和我们棉花糖的学生混班上课，这样一来，既能解决山区学校老师不足的问题，又能加强不同地区学生们的沟通，可以说是一举多得。"

听到这里，其中一位来自教育局的评委急忙问道："你们刚才的应用场景是实际场景？"

"是的，"王小飞平静答道，"这个应用已经开始使用一个星期了。为了能够让山区的同学们更好地掌握这个设备，我们学校的教导主任华山老师也带队去了山区中学。"

听到这里，评委们恍然大悟，纷纷戴起头显。

这时，又有一名评委拿起平板电脑问道："这个平板电脑是如何使用呢？"

"这是为了防止一些同学不适应佩戴头显准备的，用这个平板电脑同样可以获得 VR 的显示效果，只不过缺少沉浸感罢了。"王小飞回答道。

此时，VR 课堂里下课了，但是同学们在 VR

空间里还可以相互交流。

"这才是真正的 VR 课堂啊。"一名评委感慨道。

"我觉得他们解决当前山区支教难题的想法很值得我们借鉴，我们教育局要对这个项目做进一步的研究，看看如何进一步推广！"那名教育局的评委说道。

38

谁是赢家？

在所有参赛队伍结束了应用展示后，评委们和组委会就离席进行最后的打分和评判了。

马大虎有点担心道："班长，你觉得咱们这次能赢吗？"

"很重要吗？"王小飞道。

"也是，"马大虎挠挠头，"咱们设计这个应用的主要目的就是解决山区学校的支教问题，现在虽然不能说完美解决，但也算是一个挺好的解决方案。至于拿什么名次，确实也不是太重要了。"

王小飞点点头，在棉花糖学校众人心中，名次真的不是那么重要了。

经过漫长的等待，组委会最终宣布了名次。出乎大家的预料，这次比赛最后宣布了三个不同的奖项。顶峰学校获得了最佳视觉设计奖，奋进学校获得了最佳应用设计奖，而棉花糖学校则获得了最佳创意设计奖。

也就是说三家打成了平手！

此时，远在山区的华山老师也收到了比赛的结果。

"名次、成绩真的有那么重要吗？"看着眼前高兴的孩子们，华山老师摇摇头，少有地露出了一丝笑容。

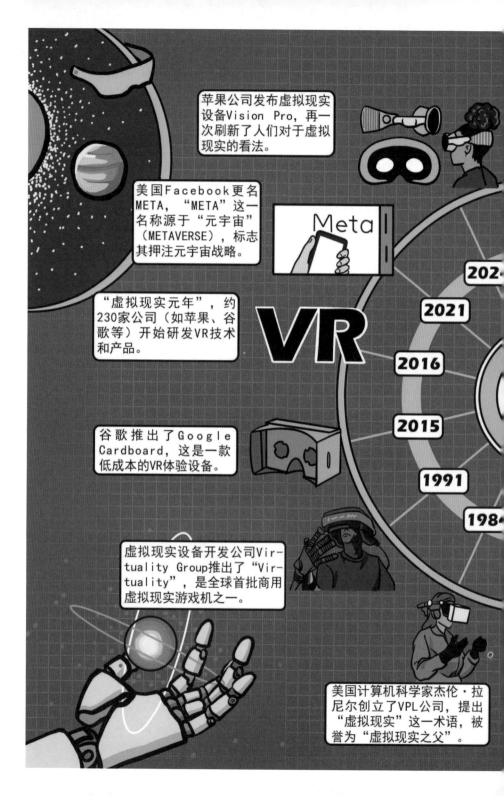

苹果公司发布虚拟现实设备Vision Pro，再一次刷新了人们对于虚拟现实的看法。

美国Facebook更名META，"META"这一名称源于"元宇宙"（METAVERSE），标志其押注元宇宙战略。

"虚拟现实元年"，约230家公司（如苹果、谷歌等）开始研发VR技术和产品。

谷歌推出了Google Cardboard，这是一款低成本的VR体验设备。

虚拟现实设备开发公司Virtuality Group推出了"Virtuality"，是全球首批商用虚拟现实游戏机之一。

美国计算机科学家杰伦·拉尼尔创立了VPL公司，提出"虚拟现实"这一术语，被誉为"虚拟现实之父"。

202·

2021

VR

2016

2015

1991

198·

杨小鹰的虚拟现实发展简史

英国物理学家查尔斯·惠斯通首次展示了立体视觉的原理。

苏格兰物理学家戴维·布鲁斯特发明透镜式立体镜，制造出首款便携3D眼镜。

1838

1849

美国科幻作家斯坦利·G. 温鲍姆在其科幻小说中提到了一款模拟多感官的全息虚拟现实眼镜。

1935

1966

美国工程师托马斯·弗内斯为空军设计创新飞行模拟器，奠定VR基础。

1968

1977

美国科学家伊凡·萨瑟兰创造第一台虚拟现实头显"达摩克利斯之剑"。

麻省理工学院制作"阿斯彭电影地图"，被视为元宇宙概念早期雏形。

王小飞的学习笔记

1. 虚拟现实（virtual reality，VR）

虚拟现实是一种通过电脑技术创建的模拟环境，它让用户感觉自己身处一个全新的、三维的世界中。用户通过佩戴一种特别的头戴设备，比如 VR 眼镜，可以看到、听到甚至触摸到这个虚拟世界中的事物。这种技术广泛用于游戏、训练模拟器（如飞行模拟）和教育等领域。

2. 增强现实（augmented reality，AR）

增强现实是一种技术，它在我们看到的真实世界中叠加电脑生成的图像、声音或其他感觉增强。这种技术通过智能手机或特殊眼镜实现，常见的例子包括手机游戏《Pokémon Go》，其中玩家可以在现实世界中捕捉虚拟的宝可梦。

3. 混合现实（mixed reality，MR）

混合现实是介于虚拟现实和增强现实之间的技术，它结合了两者的特点。在这种环境中，实体和数字对象共存并实时互动。这意味着用户可以在一个看起来真实的环境中与虚拟对象交互，这些虚拟对象表现得就像是真实存在的一样。

4. 分辨率（resolution）

分辨率指的是屏幕上显示的像素总数，通常以宽度和高度的像素数来表示，如 1920×1080。这个数字越高，屏幕上显示的信息就越细腻，图像也就越清晰。在虚拟现实中，高分辨率尤为重要，因为它能提供更清晰的视觉体验，让用户感到更加真实和沉浸。分辨率高的设备能更好地模拟现实世界，细节更丰富，从而减少视觉上的失真和模糊。

5. 刷新率（refresh rate）

刷新率是指屏幕更新显示内容的频率，单位是赫兹（Hz），即每秒钟屏幕可以刷新的次数。例如，一个 60Hz 的刷新率表示屏幕每秒更新 60 次。刷新率越高，图像更新就越频繁，这对于动态画面尤其重要，因为它能使运动看起来更流畅，减少画面撕裂和卡顿现象。在虚拟现实应用中，高刷新率至关重要，因为它有助于缓解用户的眼睛疲劳和晕动症，提供更舒适的体验。

44

6. 沉浸感（immersion）

沉浸感是指用户产生了置身虚拟环境中的错觉。高沉浸感可以让用户感觉到他们真的"在"那个虚拟世界里，增加体验的真实性和享受度。沉浸感的来源很多，包括多感官刺激、交互性和环境的可信度。

7. 虚拟化（virtualization）

虚拟化是一个观察人类技术发展的重要视角，人类正在将越来越多的实体转变为虚拟化的存在。从见面开会到虚拟会议，从纸质图书到电子图书，从实体按键到虚拟按键……这种趋势广泛存在于各个领域。虚拟化能够带来更高的便利性和更低的制造使用成本，这是其更加流行的主要动力。

45

8. 虚拟化身（virtual avatar）

虚拟化身在虚拟现实和在线游戏中是指代表用户的虚拟人物或形象。用户可以自定义他们的虚拟化身，选择不同的外观和服装，以在虚拟世界中表达自己的身份和个性。

Y 老师的思考题

46

1.VR 电影和游戏是未来的娱乐方式吗？

查理：

我认为 VR 电影和游戏绝对是未来的娱乐方式！比如在家就能攀登珠穆朗玛峰或漫步火星表面，这种沉浸式体验是传统媒体无法比拟的。

王小美：

我觉得虽然 VR 提供了新的体验方式，但它不会完全取代传统的电影和游戏。许多人仍然喜欢与朋友一起在电影院看电影或者玩桌游，这种社交元素是 VR 很难完全复制的。而且，长时间使用 VR 设备可能会导致眼睛疲劳和头晕，这也是一个不可忽视的问题。

2. 虚拟现实会让人类更亲密还是更疏远?

查理:

我支持虚拟现实会让人类更亲密的观点。想象一下,无论你身在何处,只要戴上 VR 头盔,就能和远方的亲人、朋友"面对面"交谈。这对于那些因工作或其他原因无法常回家的人来说,是一个非常好的解决方案。

王小美:

我认为虚拟现实可能会让人类更加疏远。虽然它技术上允许我们"面对面"交流,但这种交流是通过屏幕和传感器进行的,缺乏真实感和情感的深度。这可能导致人们在物理世界中的交往减少,从而感到孤独和隔离。

47

3. 虚拟现实技术能否完全取代实地旅游？

查理：

当然可以！虚拟现实能让我们不出门就探索全球各地，不仅经济，还能减少环境污染。想象一下，你可以随时在家中游览埃及金字塔或是巴黎铁塔，这既方便又实惠。

王小美：

我不这么认为。虚拟旅游虽然提供了视觉和听觉的体验，但它无法完全代替真实的感觉，如新鲜的空气、地方美食的味道，以及与当地人亲自交流的体验。这些都是虚拟现实难以复制的真实感受。

4. 城市规划中引入虚拟现实会带来哪些变化？

查理：

引入虚拟现实将彻底革新城市规划。我们可

以在虚拟环境中预览和评估城市设计项目的影响，使决策更科学、效率更高。这能帮助我们避免实际施工中可能出现的高成本错误。

王小美：

虽然使用虚拟现实技术看起来很有前景，但它可能使我们对技术过于依赖，忽视了与社区居民的直接对话。居民的直接反馈和参与对于城市规划至关重要，而技术不能完全替代人的直觉和经验。

5. 虚拟现实在教育中的应用会如何改变学习方式？

查理：

虚拟现实将极大地丰富教育体验，使学习过程更加生动有趣。学生可以通过 VR 进行历史重现或科学实验，这种互动性强的学习方式能够显著提升他们的理解力和记忆力。

王小美：

尽管虚拟现实提供了新的学习方法，但它可能会削弱学生的人际交往能力。面对面的互动对于培养学生的社交技巧和情感理解至关重要，而依赖虚拟环境可能会减少这种必要的人际互动。

50

一起动手吧

1. 自己动手做一个简易版的 VR 眼镜

使用简单的材料（如硬纸板、镜片、胶带和手机），制作一个可以体验虚拟现实的简易 VR 眼镜。

2. 设计虚拟现实应用

思考你想解决的现实问题，设计一款利用虚拟现实技术的应用，并分享你的想法和解决方案。

3. 设计你的虚拟现实角色

设计一个代表你的虚拟角色，可以是你想象中的任何样子。用绘画、文字描述或其他方式展示出来！

4. 体验虚拟现实应用

体验一款虚拟现实应用，写下你的使用体验，与大家分享！

联系 Y 老师

　　同学们，上面的思考题和动手题，Y 老师都希望你可以想一想试一试，如果你有什么好的想法，或者遇到什么困难，也欢迎你随时联系 Y 老师。

　　我在这里等你哦：公众号"少年 AI 漫游指南"

　　邮箱地址：AskTeacherY@outlook.com

吞噬学校的"怪兽"来了?

引子

从深度学习到机器视觉,人工智能(AI)让机器能够模拟人类的思维方式,解决复杂问题,不仅极大地提升了工作效率,也拓宽了人类对自身以及宇宙的认知边界。与很多前沿技术不同的是,人工智能是一项中国从一开始就站在世界前列的技术。大批的华人科学家正推动这场席卷全球的人工智能变革。而随着"新质生产力"的提出,人工智能已成为国家战略的重要组成部分。

2022 年末,Open AI 公司推出了 ChatGPT3.5,迅速在全球掀起了一场人工智能风暴。这场生成式人工智能引发的技术革命,可能带来深远的影响,甚至被比喻成新一轮工业革命。人工智能技术的发展不仅仅是技术的进步，更是人类文明进程中的一个重要里程碑。人工智能表现出了强大的"智能"，让技术爱好者们狂热，也让不少人对未来产生隐忧。多年以后，Y老师还是能够清晰地回忆起听到这个消息的那一刻，那时他就清楚地知道，从此刻开始，我们将进入一个全然不同的世界。

风暴骤起

"人工智能公司 Feature AI 今天发布了他们的生成式人工智能应用 ALICE-3.5，这一版本能够一次性处理 40000 个 token，具有更强的推理能力，在模拟律师考试中击败 90% 的人类……"

"GPU 巨头某达公司的股票六个月内上涨 13 倍，市值正式突破 2 万亿美元……"

"人工智能绘图应用 Mile-Stone（MS）发布了 6.0 版本，该版本的图片生成质量比前代产品更强……"

"截至今年上半年，全球在 AI 领域的投资增长了 500%，达到惊人的 730 亿美元……"

"美国一大学生，隐瞒其使用 AI 替自己完成了毕业论文的事实，被发现后导师取消其成绩……"

55

"日本多名插画师起诉 Mile-Stone（MS）公司的 AI 绘图应用使用其作品作为训练材料，严重侵犯了其知识产权，要求 MS 公司停止侵权行为并给予赔偿……"

"马斯克表示人工智能对人类的威胁远大于核弹……"

待新闻播完，陆言校长关掉茶几上的平板电脑，然后给 Y 老师续了一杯茶。

"现在铺天盖地都是人工智能的消息……小郑，人工智能是你的研究领域，你怎么看？"陆言校长放下茶壶问道。

"大趋势，不可阻挡！"Y老师言简意赅地说道。

"具体说说。"

"这次 Feature AI 的产品确实非常震撼。虽然之前 AI 已经能够在国际象棋、围棋这些高智能领域战胜人类，但是人们普遍认为要让 AI 能够真正理解人类的语言，与人类实现自然语言的交流，还有很远的距离。没人想到这一天来得这么快，这么突然……"

57

"是啊，太突然了，简直像是科幻片的情节。现在什么声音都有，有人说 AI 很快就会取代大部分人的工作岗位，还有人说现在学什么都没用了，因为你永远不可能比 AI 学得好，所以，只要学会怎么用 AI 就行了……你怎么看？"陆言校长似是闲聊般问道。

"确实有这个可能，不过我认为现在就下结论还是为时过早。这次人工智能的突破太突然，整个社会没有任何准备。嗯……陆老师，您叫我来，不光是要跟我聊人工智能吧？"Y老师疑惑道。

"AI的发展，对于人类整体来说，意义重大，影响深远。这次的技术突破又很突然，肯定会对整个社会造成不小的冲击，咱们学校的理念一直是'教育要面向未来'。现在大家都在谈论未来如何如何，其实，风暴恐怕已经到咱家门口了。"陆言校长鲜有的神色凝重。

Y老师看着窗外，点点头道："我明白了，确实要赶紧做好应对了，这场风暴的威力可不小……"

全能的马大虎

"这次的作文，咱们班的水平普遍有所提

高。特别是马大虎同学，进步很大。下面，我们请马大虎来为大家读一下他的作文——《奇妙的课桌》！"何老师做了一个请的手势，让马大虎上台去读作文。

马大虎有点茫然，人如其名，他的成绩一直马马虎虎，不好不坏。但是自己的作文被当作范文来读给大家听，还是第一次。

来到讲台前，马大虎开始读起了自己的作文："时间过得真快，转眼间就来到了 2045 年……"

查理小声对旁边的刘星星道："马大虎的作文什么时候这么'溜'了？不应该啊……"

刘星星立刻挑眉附和，一脸神秘地回应："我也觉得不应该，这小子有点古怪……"

此时，台上的马大虎也开始冒汗了，他读得磕磕巴巴的，简直不像是在念自己写的文章。

好不容易读完了，马大虎赶紧一溜烟地跑回座位，如释重负。

59

何老师也赶紧打了个圆场："看来马大虎同学还是有点紧张啊，可能是上台的机会太少的缘故吧，以后还要加强这方面的锻炼。好，下面我们请王小美也来读一下她的作文。"

看着满头大汗的马大虎，刘星星和查理交换了一下眼神，这里面明显有问题。

语文课之后是数学课，数学老师也对近期作业完成情况较好的同学进行了表扬。

马大虎又得到了老师的表扬。

办公室里，何老师递给 Y 老师一张纸："你看一下，这个艺术节节徽设计得怎么样？"

Y 老师接过来，仔细地看了一会儿："很不错，相当专业。布局、配色都很好。这是你们班学生设计的？"

"嗯嗯，也是你的学生啊！"何老师道。

"谁啊？王小美？"

"马大虎！"何老师看着 Y 老师意外的表情

道，"我也没想到。而且，最近他好像换了一个人，各科的学习都有很大的进步。以前写作文就是'老大难'，现在文笔见长。这突然一开窍，成绩就噌噌往上蹿啊……就是还有点不稳定。"

Y老师发觉了问题："哦？怎么说？"

"比如数学吧，平时作业完成情况都很不错，但是测验的成绩就很普通。回头我跟他聊聊，让他再加强一下练习。"

听了何老师的话，Y老师忽然似乎明白了什么，笑着说道："我刚好下午会见到马大虎，我来跟他聊聊吧！"

都是 AI 惹的祸

放学后的科学活动室里，Y 老师正在看书。

"Y 老师，你找我啊！"马大虎推门而进。

"嗯，坐吧。"Y 老师合上书，接着道，"说说怎么回事吧！"

"什么怎么回事？"马大虎有点摸不着头脑，隐隐约约还觉得有点心慌，心里想："难道说这就被发现了？"

Y 老师嘴角带着一丝玩味的笑意："你最近可是进步神速啊！而且是全方位进步，有什么秘诀吗？跟老师分享一下。"

"这个啊，主要是我最近调整了心态，端正了学习态度……"马大虎开始一本正经地胡说八道起来。

Y老师耐心地听完他的说辞，淡淡道："最近咱们滨海市要在全市中学生里评选明日之星，何老师推荐了你，认为你完全符合要求，我也觉得你挺合适的……"

没等Y老师说完，马大虎整个人就跳了起来："不行，不行！我不想参加这个什么明日之星评比，你让学校推荐其他同学吧！"

Y老师笑意更甚："你的进步这么大，而且是德智体美全面发展，非常符合条件啊……"马大虎已经被吓出了一身冷汗，一想到今天当众朗读作文的窘境，感觉这下子真的玩大了。

本来只是想轻松一点，谁知道这玩意儿用起来后劲这么大啊！千万不能参加这种什么评比，到时候露馅了，可就丢人丢大发了。

马大虎叹了口气，坦白道："Y老师，其实吧，这些都是AI弄的，我只是稍微地加工了一下……"马大虎捏起两根手指跟Y老师比画着。

"说说吧，你具体都是怎么做的啊……"Y老师挑挑眉，兴趣十足地追问道。

马大虎吞了一下口水："其实也不复杂，我就是写作文的时候，把要求发给AI，让他帮我写。英语也差不多，就是直接问AI就行了。然后，数学也是，就是把题目输进去就行了，AI会给出答案……"

好嘛，语数英的作业就这么搞好了。

"艺术节是怎么回事？"Y老师问道。

"你说那个节徽是吧？"马大虎有点不好意思，"我就是随手让 Mile-Stone 画了一下，然后就发给老师了。其实就是一时好玩，我也没想到你们那么喜欢啊……"

Y老师点点头，这个结果跟他当初预料的差不多。

Y老师跟马大虎又聊了一会儿，在得到马大虎"今后绝对不再使用 AI 做作业"的承诺后，结束了这次谈话。

看着马大虎离开的背影，Y老师想起前几天跟陆言校长的那次谈话。AI 已经开始影响校园，这个冲击只会越来越大，到底该如何引导学生们正确地对待 AI 呢？

奋进学校和顶峰学校的选择

几乎同一时间，戚华校长也发现奋进学校出现了学生使用 AI 来应付日常作业的现象。

戚华校长立刻召集了学校的主要领导和各个学科的组长开了一次讨论会。

AI 对于所有人都是一个新鲜事物，讨论起来自然是天马行空。

有的老师担心这样一来学生们的知识掌握得不牢固，有的老师认为这种行为其实就是弄虚作假，也有老师主张让学生多接触，适当地使用人工智能辅助学习会对学习产生积极作用。

最后，戚华校长一锤定音："全面禁止生成式 AI 进校园！"

面对一部分老师的质疑，戚华校长也说出了

自己的理由："AI 也许代表了人类社会未来的发展方向，了解 AI，使用 AI，掌握 AI，肯定是非常重要的能力。我并不是反对 AI，相反，我也非常鼓励学生们去学习各种 AI 的原理和技术。但是，这次的情况并不一样，生成式 AI 的能力太过强大，一旦进入校园，对于学生们的学习必将是毁灭性的打击！"

戚华校长的逻辑其实很清晰，当前的教育体制本质上还是应试教育。只要大学选拔人才的模式不变，只要高考依然存在，那么，学校的责任就是让学生们面对这些选拔时具有更大的竞争优势。

然而，生成式 AI 会让练习变得形同虚设，这样完全不利于学生们对于知识的掌握和考试能力的提高。

听到戚华校长的一番分析，老师们也默默地点头同意。虽然有不少老师都希望学生们有机会多接触最新的科技，了解社会的发展，但是一旦当这些与考试成绩相冲突时，似乎就会被放到一边。

在奋进学校的操场上，伍理想闷闷不乐地坐在草地上，今天的全校大会，他作为使用 AI 做作业的典型被狠狠地批判了一番。

他旁边的尤大志安慰道："戚华校长也是为你好，AI 用多了，脑子就懒了，练习量不够，成绩怎么保证呢？最关键的是，考试的时候又不能用 AI 来考……"

伍理想深深地叹了口气，他也知道戚华校长和尤大志说的没错，只不过，那些重复的练习，实在是压得自己喘不过气。

他其实也就是想喘口气而已。

此时，顶峰学校也出现了不少学生尝试使用生成式 AI 来做作业的情况，对此校长芭芭拉的态度非常明确——全面禁止。虽然他们的理由不尽相同，但是基本的逻辑如出一辙。

"顶峰学校提供了全滨海最好的教学资源,我们的教育质量放眼全国,甚至整个亚洲都是名列前茅的!我们培养的学生在各个领域为社会做出杰出的贡献,是各行各业的精英。这说明什么?说明了什么?"

芭芭拉环顾全场,视线扫过每一个学生:"这说明我们顶峰学校的教育模式是完美的,无懈可击!因此,我们绝不会因为一个还没有被完全证实的科技发展方向而放弃我们的教育模式和教育理念!"

最后，芭芭拉斩钉截铁总结："任何人一旦被发现使用生成式 AI 来应付学业，立刻通报批评！"

其实，芭芭拉之所以做出这样的选择，本质上还是人才选拔机制在背后起作用。

顶峰学校秉承的精英教育理念的优越性，最终依然要通过有多少学生被世界顶级名校录取来衡量。

既然所有的世界名校都还在使用考试成绩和学生特长来筛选学生，那么任何对这些筛选条件会产生负面影响的行为都是不可接受的。

而且，从最近的新闻来看，有不少国际顶级的高校开始用技术手段筛查 AI 生成的论文。在芭芭拉看来，这显示大学的基本态度。

棉花糖学校：堵不如疏

"马大虎，你怎么了？发烧了？"刘星星夸张地用手去摸马大虎的额头。

"烦着呢，别碰我！"马大虎一手打开了刘星星的手，没好气地说道。

查理这会儿也凑了过来，看到马大虎趴在桌子上无精打采的样子，也打趣道："没想到咱们无所不能的马大总管也有烦恼啊，来，说来听听，说不定兄弟我能帮你一把啊！"

马大虎一声叹息，把头埋得更深了："你们就别闹了，我哪有什么无所不能啊，都是 AI，知道吗？"

"知道啊，我昨天还玩来着。"刘星星道。

"嗯呐，"查理也附和道，"谁说不是呢，这两天又新出了好几个大模型呢，现在的 AI 可真是一天一个样！"

听到这里，马大虎忍不住了，"腾"地一下站了起来，把两人吓了一大跳。

马大虎一手一个，攥住两人的衣服质问道："你们也在玩 AI 对不对，那么厉害的工具，用起来那么方便，你们就没想着拿 AI 来干点什么？啊？"

"有啊，"查理左右看了看，对马大虎神秘一笑，"根据我的观察，整个学校不好说，咱们班里要说完全没用过 AI 的，估计不到 5 个人了！"

另外一边的刘星星也连连点头，作为游戏达人，他可不会错过什么新工具："嗯嗯，就是就是，肯定要用啊。"

"那你们怎么……"马大虎一时间也不知道该怎么说了，"你们怎么能把自己隐藏得那么好，或者说，你们是怎么把这么厉害的工具用得让人看不出来的？"

在一旁的王小飞突然问道："难道你没觉得用 AI 写的东西很套路化吗？不改怎么用呢？"

马大虎一下子愣住了，他仔细想了想，好像还真的是有点套路化。

这次他就是把何老师给的作文标题和要求发给了人工智能，然后直接把生成的文字抄了一遍就交上去了。至于文章的内容是不是新颖，文字是不是优美什么的，他也没有注意反正是比他自己写要好得多就对了。

马大虎若有所思道："所以，你们都在用 AI，只不过没有全部照抄而已，是不是这样？"

众人带着关爱、同情以及怜悯的神情重重地点了点头。这下子，马大虎更失落了，原来小丑竟是他自己啊。

这时，站在教室外面的 Y 老师欣慰地点了点头。经过一段时间的调研，他已经清楚地知道人工智能对校园的影响之大，并不是单纯靠加强学校纪律就能够抵消的。

不过，令人欣慰的是，学生们似乎找到了许多与人工智能相处的方法。他们正在用自己的方式去尝试着与人工智能相处。

看来，陆言校长的疏导之法已经开始起作用了。棉花糖学校并不会在校园里禁止人工智能，相反，学校非常鼓励老师和学生们去了解、使用人工智能。现在，人工智能在教学和学习中的应用已经层出不穷。

有的老师让 AI 帮自己批改作业，最后只需要自己亲自检查一下，效率不知道高了多少；也有老师开始用 AI 来帮自己设计教案，撰写 PPT；还有老师会让学生们跟 AI 进行英语对话，提高听力和口语能力；等等。至于学生们的创新就更多了，只不过他们都知道陆言校长的底线，那就是决不允许冒名顶替，也决不允许作弊。

想到这里，Y老师悄悄转身离开了，为了下一步的计划，他需要去做些准备了。

无处不在的人工智能

第二天下午，Y老师推门进入了活动室。活动室里面依然是热闹非凡，大家正在叽叽喳喳地交流着各种使用 AI 的心得，分享最新的技术突破和应用。

看到 Y 老师进来，大家很自然地围了过去，而话题自然离不开人工智能。

Y 老师微笑着听完了大家的问题，却没有急着回答，反而向大家抛出了一个问题："咱们这个学期参加了不少科技大赛，也近距离地接触了很多前沿的科技领域，你们想一想，这些科技领域里，有没有使用人工智能技术呢？"

听到这个问题，所有人立刻思考了起来。他们这个学期参加了航天、自动驾驶、机器人和虚拟现实的科技大赛，这些都是最前沿的科技领域。这些领域里，是不是也包含人工智能技术呢？

"嗯，我觉得有，"率先开口的是王小飞，他推推眼镜道，"比方说自动驾驶吧。自动驾驶系统里的决策系统就是一个人工智能啊。它可以通过训练来增强自己的能力，肯定算是人工智能！"

"咱们的机器人能够根据不同的音乐自己选择不同的舞蹈动作，这个应该也挺智能的。"刘星星接着说道。

"我觉得顶峰学校和奋进学校的机器人，一个平衡能力强，一个协作能力强，也应该算是有人工智能了。"平时不太说话的杨小鹰，此时也给出了自己的看法。

Y老师点点头："能看到对手的优点，不错！"

查理想了想说道："我觉得增强现实技术的很多应用，背后其实都是人工智能。特别是那些AR眼镜，要是不能用语音来输入信息，那操作起来可就太麻烦了。"

曾经当过人形导航机器人的马大虎深有同感地重重点了点头。

"航天科技更不用说了，火箭的姿态控制、飞船的轨道控制、空间站的内部系统管理，很多地方都有人工智能的用武之地呢！"王小美也畅想道。

Y老师听完大家的看法后，接着说道："看来大家对这些科技领域已经有了不错的理解，人工智能确实已经渗透到了咱们生活的方方面面。那大家觉得，你们说的这些人工智能和现在大家在玩的人工智能，有没有什么区别呢？"

是啊，虽然都是人工智能，但是，这些让机

器人跳舞、让汽车自动驾驶的人工智能，跟他们现在每天玩得不亦乐乎的这些可以聊天、写文章、画画的人工智能，好像还是不一样啊。

但是，到底该怎么描述这种不一样呢？

"我觉得我们现在玩的人工智能好像更聪明一些……"刘星星刚开口，又觉得这样说似乎不太对。

王小飞则平静道："感觉更像人了。"

其他人纷纷点头，表示赞同。

确实，只要稍微留意一下，就会发现学生们

现在使用的人工智能，跟之前比赛里了解和使用的人工智能，差别非常大。而且似乎是一夜之间，这些聪明的家伙就出现在了网络上，还是扎堆地出现了。这到底是怎么回事呢？

看大家的兴趣被激发了，Y 老师神秘一笑："这个周末，咱们就来一次人工智能探秘。"

参观人工智能实验室

这次活动报名的人很多，一行人很快来到滨海大学。作为全国排名前十的大学，滨海大学拥有全球领先的人工智能实验室和研究团队。

今天负责带领学生们参观的则是 Y 老师研究生阶段的同学兼好友李博士。李博士的思维非常活跃，说话的语速很快，动作也很夸张。老同学的邀约，让李博士格外重视，为今天的参观做了精心的准备。

在见面寒暄过后，李博士领着大家来到一个房间。这个房间的布置非常特别，一块大大的深蓝色幕布把房间一分为二，而在幕布的两侧分别放着五台电脑。李博士按下遥控器，幕布缓缓拉上，然后他神秘一笑："在开始咱们的参观之前，大家先来玩一个游戏吧！这个游戏的名字叫作'猜猜我是谁'！"

一听到玩游戏，学生们立刻兴奋了起来，男生们更是欢呼不止。

听完李博士介绍游戏的玩法，大家就一股脑儿冲到电脑前面开始玩了起来。

这个游戏的玩法其实很简单，就是在电脑前面跟人聊天，每次3分钟。但是，对面的那个人可能是一个真实的人，也可能是一个伪装成人类的人工智能。而游戏的目标就是把人工智能找出来。

但是，大家很快就发现这个事情并没有想象的那么简单。

"刘星星，你搞快点啊，你这都 5 分钟了，还没结束吗？"马大虎在旁边着急地问道。

"这个真不好判断啊，我觉得他说话有一点别扭，好像太正式了，但是，又确实很灵活……好难啊！"刘星星面露难色。

马大虎看刘星星的样子，直接帮他结束了谈话，然后拉开他自己坐了上去："你这不行啊，看我的问题。你必须跟他聊生活、聊兴趣这些才行，机器最不擅长的就是这个。"说着话，马大虎开始输入他的问题："最近在玩什么游戏啊？你最喜欢哪一部动画啊？……"

过了几分钟，马大虎自信地对刘星星说道："对面绝对是机器。哪有人不玩游戏、不看动画的？肯定是假的。看到了没，这就叫实力！"

刘星星将信将疑："是吗？"

过了没多久，所有人都结束了谈话，并且在一张表格上记录了他们的结论。

在进行简单统计后，李博士宣布了结果："经过统计，认为与自己对话的是人类的比例，从 1 号机到 5 号机，依次为 66%、39%、45%、75% 和 43%。"

说罢，李博士再次按下遥控器，幕布缓缓拉开，同学们一眼就看到对面的电脑位中有两台电脑的后面站着人，分别是 1 号位和 4 号位。

看到这个情形，许多同学发出惊讶的声音。因为他们中的很多人都发现自己至少弄错了一个位置，误以为对面是人类或者人工智能了。

刘星星扯了扯身边目瞪口呆的马大虎："你刚才的那个实力之选，好像弄错了啊，对面是真人啊……"

马大虎还是一脸不可置信："还真有这样的人啊……"

这时，李博士的声音响起："首先恭喜同学们，你们在大部分时候，还是能够正确地分辨人类和 AI 的。"

李博士顿了顿继续道："同时，我们也要恭喜参与测试的人工智能，它们也成功地通过了图灵测试！换句话说，它们已经可以被认为具有了智能。"

"为什么这样就能知道 AI 是不是有智能了呢？"查理感到十分不理解。

"这其实是无奈之举，"李博士解释道，"直到今天，我们对人类的智能到底是什么依然知道得太少。正因为如此，图灵才提出了这个天才设计，它提供了一种简洁且直观的方式来评估机器是否展现出人类一样的智力行为。让人类评估一台机器是否具备智能成为可能。当然，图灵测试并非完美，许多科学家还在探索更加有效的测试方法。"

"李老师，那些人工智能的成绩并没有跟人类一样高啊，为什么还说他们通过了测试呢？"王小飞的问题让大家重新审视起刚才的结果。从结果来看，人类的成绩都超过 65%，而人工智能最高也才 45% 而已。

李博士赞许地点点头："30% 只是图灵测试在实际应用中的一个标准。毕竟就连人类自己也做不到 100%。虽然目前的 AI 与人类还有 20% 左右的差距，但相信不久的将来，AI 就能做到完全地以假乱真了。"

接下来，李博士又带着大家参观了实验室，并且为同学们讲解了人工智能的发展历史和许多关键的技术，如神经网络、深度学习、自然语言处理、强化学习等。

这时，王小飞向李博士请教了一个困扰他很

久的问题，那就是为什么有一些 AI 很厉害，但是感觉不那么聪明，但最近他们接触的 AI 似乎都很聪明呢？

李博士赞扬了王小飞的观察力，然后解释道："你们之前看到的那些在自动驾驶、机器人舞蹈这些方面发挥作用的人工智能，我们一般称作专用人工智能，或者叫作'窄人工智能'，它们专注于某个特定的领域，解决这个领域的特定问题。但是，最近你们接触到的这些最新的对话 AI、写文章 AI、画画 AI，更加具有创造力，更加聪明，甚至能听懂人话了……"

"我知道了，是不是叫作'宽人工智能'啊！"马大虎插话道。

"是这个意思，但一般我们称为'通用人工智能'，也就是 AGI。但是，目前的应用，距离大家心目中的通用人工智能还有不小的距离。所以还不能叫作 AGI。"

85

"这么聪明了都不能叫 AGI 啊，那 AGI 得有多聪明啊！"查理吃惊地说道。

那通用人工智能得有多聪明呀！

李博士点点头："是的，AGI 将会在很多方面极大地超越人类，成为一种超级智能。有人曾提出过一个叫作'奇点'的概念。奇点是一个时间点，即人工智能的智力水平将超越地球上所有人类智力的总和。那么，一旦人工智能的发展越过这一点，人类的思考将失去价值。因为我们只需要把问题交给 AI 就行了，AI 将会比人类更高效地解决和应对所有困难和挑战……"

"那人类的价值是什么呢？"

"AI 会不会统治人类啊？或者消灭人类？"

"人们会不会全部都失业啊，那他们怎么挣钱呢？"

"人们把所有问题都让 AI 处理，那平时可以干啥呢？打游戏，看动漫？"

"我觉得挺好啊，这不就是理想生活吗？……"

"不是吧，太无聊了吧……"

……

没有标准答案的世界

在回来的路上，学生们一直在讨论着关于 AI

87

的各种话题。Y老师静静地听着,他知道像这样的讨论正在全世界的各个角落进行着。而这样的讨论也并不会得出什么统一的标准答案。

树欲静而风不止,无论对于AI的态度如何,这场席卷全球的技术风暴必将冲击校园。滨海学校的三巨头也都敏锐地感受到了这场迫在眉睫的变革。

戚华校长虽然坚决地阻止了AI进校园,他却最先提出让学生们走出校园,接受历练。现在这群只会做题的学生们太娇气了,跟自己当年一边务农一边苦读完全不一样。要让学生们感受真实的世界一直是棉花糖学校的教育理念,陆言校长自然欣然同意。而芭芭拉也在最近几次科技赛中备受震撼,连连败北的战绩对于一向资源禀赋优越的顶峰学校来说,确实值得反思。

这是一场关乎人类未来的考验。这场考验并不是一场考试,它没有标准答案,甚至连试卷上的问题都含混不清。然而，这就是孩子们将要面对的世界。

一个充满了考验，但没有考试的世界。

1943年

美国神经科学家沃伦·麦卡洛克和数学家沃尔特·皮茨提出了第一个神经元模型，奠定神经网络理论。

1950年

英国科学家艾伦·图灵，提出"图灵测试"，图灵因此被称为"人工智能之父"。

1956年

"人工智能元年"，美国达特茅斯学院举办首届人工智能研讨会，首次提出"人工智能"概念。

1993年

美国数学家和科幻小说家弗诺·文奇预言："30年内，我们将能创造超人类智能，人类的时代将迎来终结。"

1997年

IBM的超级计算机"深蓝"在国际象棋比赛中击败了国际象棋世界冠军卡斯帕罗夫，电脑首次战胜人脑。

2006年

加拿大计算机科学家杰弗里·辛顿提出"深度学习"概念，标志着深度神经网络研究的复兴。

The Coming Technological Singularity

1958年

美国计算机科学家约翰·麦卡锡发明LISP，这是最早的人工智能编程语言。

1966年

美国麻省理工学院的约瑟夫·维森鲍姆创建了ELIZA，这是世界上第一个聊天机器人。

1981年

日本拨款8.5亿美元用以研发人工智能计算机系统。随后，英国、美国纷纷响应。

2014年

聊天程序"尤金·古斯特曼"首次通过图灵测试，人工智能进入全新时代。

2022年

OpenAI发布了ChatGPT，引发全球关注，开启人工智能引领的新工业革命。

2024年

随着人工智能广泛应用，各界开始重新审视弗诺·文奇的AI预言，担忧它是否在未来会成真。

通过图灵测试

杨小鹰的人工智能发展简史

王小飞的学习笔记

1. 人工智能（artificial intelligence，AI）

人工智能是一种使计算机和机器展示类似于人类智能的技术。这意味着机器可以进行学习、理解、推理、规划和语言交流。AI 可以用于各种应用，如自动驾驶汽车、智能语音助手、在线游戏中的智能对手（游戏中的 NPC）和更多。人工智能的目标是创造能够自主运作并解决复杂问题的系统。

2. 图灵测试（Turing test）

图灵测试是由英国科学家艾伦·图灵提出的，用来判断机器是否能够展示与人类相似的智能。在这个测试中，一个人通过键盘和显示屏与一个人和一个机器进行对话，但不知道他们是谁。如果这个人无法一致地判断出哪个是机器，那么这台机器就被认为通过了图灵测试，显示了某种形式的人类智能。

3. 窄人工智能（narrow AI）

窄人工智能也称为弱人工智能，是目前最常见的 AI 类型。这种类型的 AI 设计用于执行一个具体的任务或处理特定类型的问题。窄人工智能在其特定任务上可能表现得非常出色，甚至超过人类的能力，但它只限于其被训练的任务范围内。例如，一个用于图像识别的 AI 系统可以非常快速和准确地识别和分类图片中的物体，但它无法处理与此无关的任务，如驾驶汽车或写诗。

窄人工智能通常依赖于机器学习和深度学习算法，它们通过分析大量数据来"学习"如何最好地执行其设计的特定任务。窄人工智能的例子包括语音识别软件、在线客服聊天机器人、推荐系统等。

4. 通用人工智能（AGI）

通用人工智能也称为强人工智能，指的是一种理论上的人工智能，它能够理解、学习和应用知识，就像一个智能的人类那样。与窄人工智能不同，通用人工智能不局限于特定类型的任务，它具有广泛的认知能力，可以像人类一样在不同情境和环境中应用其智能解决各种问题。

通用 AI 能够进行推理、规划、学习、语言理解和感知，甚至在面对前所未见的任务和情况时也能适应和处理。目前，这种类型的 AI 还没有实现，它仍然是 AI 研究中的一个长期目标。实现通用 AI 需要深入理解人类智能的根本原理，包括如何模拟人类大脑的决策过程、情感、意识和创造力。

5. 大语言模型（large language models）

大语言模型是专门用于处理和生成人类语言的模型。它使用很多规则来理解和生成语言，就像它知道怎样组织单词和句子一样。这个规则的规模从数十亿到数千亿甚至更多。这个程序通过学习大量的文字信息,比如书籍、网站上的文章,从中学到怎样用语言进行交流。因为它学习了很多信息,所以被称为"大"语言模型,它可以帮助回答问题、写故事或做其他与语言相关的任务。GPT(生成式预训练转换器)是最著名的大语言模型之一。

95

6. 算力(computational power)

算力是指计算机处理和解决问题的能力,通常取决于其硬件性能。高算力意味着计算机可以更快地执行复杂计算,处理大数据和运行先进的算法,特别是在人工智能和机器学习应用中非常重要。在人工智能时代,算力已经成为一种重要和稀缺的资源。

7. 图形处理单元（GPU）

GPU 是一种特殊的计算机芯片，它非常擅长同时处理很多信息。最初，GPU 被设计来帮助计算机更好地显示图形和视频游戏中的图像。但现在，人们发现 GPU 也非常适合做科学计算和帮助学习语言模型这样的复杂任务，因为这些任务需要计算机同时处理大量的数据。

96

Y 老师的思考题

1. 如果机器人拥有情感，它们会怎样看待人类给它们分配的任务？

查理：

如果机器人有情感，它们会高兴地接受任务，因为这证明它们被需要，它们的工作有意义。

王小美：

不对，如果机器人有情感，它们会感到被利用和不公平，因为机器人没有选择权，只能被迫接受任务。

2. 人工智能如果比人类更聪明，它们是否应该做出所有重要的决定？

查理：

当然应该！更聪明的人工智能意味着拥有更好的决策能力，它们能做出更优化的选择。

王小美：

绝对不行！重要的决定需要考虑道德和情感，人工智能无法完全理解人类价值。

3. 人工智能能否创作出真正的艺术品？

查理：

当然可以！人工智能能够模仿、学习，未来肯定能创作出反映深层情感和创新的真正艺术品。

王小美：

不可能！艺术来源于人类的经历和感受，机器不可能拥有像人类那样的情感深度。

98

4. 如果人工智能犯了错，应该由谁来负责？

查理：

应该是制造它们的公司负责，因为错误可能来自设计或编程上的疏忽。

王小美：

不，应该是使用它们的人负责，因为最终是人类选择如何使用人工智能。

5. 人工智能是否应该有权利和自由?

查理:

当然，如果人工智能具有自我意识，它们应该享有基本的权利和自由。

王小美:

不应该，人工智能不论多么先进，它们仍是人类创造的工具。

99

6. 人类应该如何准备迎接越来越智能的人工智能?

查理:

我们应该学习如何与人工智能合作，利用它们的智能来解决世界上的大问题。

王小美:

我们需要给人工智能设定一些规则，确保人工智能的发展不会威胁到人类的生存。

7. 人工智能是否能够完全理解人类的情感？

查理：

我相信未来人工智能能够发展到完全理解人类情感的程度，它们可以成为我们的好朋友。

王小美：

不可能，人工智能可能模仿情感反应，但真正地理解需要人类的生活经验和复杂的情感世界。

8. 如果人工智能能做几乎所有工作，人类该如何找到生活的意义？

查理：

这是个好事！人类可以从劳动中解放出来，专注于创造、学习和探索，寻找新的生活意义。

王小美：

但如果工作被取代，人们会失去成就感和社

会身份。我们需要重新定义工作和生活的意义。

9. 人工智能和人类可以成为朋友吗？

查理：

当然可以，人工智能可以理解我们、帮助我们，甚至陪伴我们，完全可以成为朋友。

王小美：

机器无法真正体会友谊，真正的朋友需要共同的经历和深层的情感联系，这是人工智能做不到的。

10. 年轻一代应该接受怎样的教育，以便他们在人工智能充斥的世界中成功？

查理：

我们需要学会如何与人工智能合作，以及如何利用这些技术来解决问题和创新。

101

王小美：

更重要的是重视批判性思维、创造力和人文价值，这些是机器无法取代的。

一起动手吧

1. 组织一次关于"AI 的态度与认识程度"的社会调查，需要设计一张调查问卷，用于调研周围人们的看法，最后把调研结果整理出来，用可视化的图表或者 PPT 展示给大家。

2. 组织一场关于人工智能的辩论赛，你可以自己设计辩题，也可以选择下面这些辩题。

a. 人工智能是否应该被赋予创作版权？

正方：人工智能应该被赋予创作版权

反方：人工智能不应该被赋予创作版权

b. 人工智能是否会取代人类的所有工作？

正方：人工智能必将取代人类的所有工作

反方：人工智能无法取代人类的所有工作

c. 人工智能是人类的朋友还是敌人？

正方：人工智能是人类的朋友

反方：人工智能是人类的敌人

3. 请使用人工智能应用创作一个作品，作品的形式可以是图画、文学、音乐或者视频，也非常欢迎与我们分享你的创意。

小提示：如何找到适合的人工智能应用呢？咱们可以在网上通过搜索引擎来寻找人工智能应用。如何才能知道好不好用呢？很简单，试试看就好啦！

4. AI 帮帮忙！

请让 AI 工具发挥更大的作用吧！你的学习、

生活中有很多方面都可以让 AI 来帮忙。比如组织一场活动、外出旅游、练习英语口语等，请你根据自己的需求设计一个方案，然后用 AI 工具来具体实施。如果可以的话，请跟我们分享你的方案和实施过程吧！

104

联系 Y 老师

同学们，上面的思考题和动手题，Y 老师都希望你都可以想一想试一试，如果你有什么好的想法，或者遇到什么困难，也欢迎你随时联系 Y 老师。

我在这里等你哦：公众号"少年 AI 漫游指南"

邮箱地址：AskTeacherY@outlook.com

靠山村的灯火

引子

能源是世界上最重要的资源之一。各国之间开展了广泛的能源贸易，有时甚至会因争夺能源发生战争。但现在有一个迫在眉睫的大问题：我们目前使用的化石燃料，如石油、天然气和煤炭，正在迅速减少！如果我们继续以目前的速度使用它们，石油可能只够用约50年，天然气约60年，煤炭130年。

使用化石燃料也会对环境造成伤害。当我们燃烧它们时，它们释放有害物质到空气中，导致如海平面上升、极端天气事件、空气污染和水污染等问题。这会破坏地球的生态系统。现在许多国家在积极寻找和推广绿色能源，如太阳能、风能、水能和地热能。这些替代能源属于可持续能源，不会伤害地球。

为了积极应对气候变化，中国在 2020 年 9 月宣布了两个重要目标：2030 年前实现碳排放达到顶峰，2060 年前实现碳中和。这是全球应对气候变化进程中的里程碑事件。2021 年 7 月，中国正式启动全国碳排放权交易市场，这是全球规模最大的碳排放权市场。

现在我国绿色能源行业取得了显著进展，中国已成为全球最大的风力和太阳能发电市场，同时在水电、生物质能等领域也取得了重要成就。

绿色能源是全球性的重要议题，需要大量的创新实践。而这次，在三大校长的共识之下，学生们开始走出校园迎接现实生活中的挑战。而这第一关，就是在陌生的乡村生活里找到合适的绿色能源。

老对手，新队友

"真倒霉，怎么跟他们分到一组了啊……"马大虎看着前面不远处的几个人，不禁抱怨起来。

"是啊，昨天在车上就不对劲，又是比唱歌，又是知识竞赛，吃个饭也要比谁先吃完，真是无语了……"刘星星走过来，一屁股坐在一块石头上，"他们咋就这么喜欢比赛啊？！"

"心里有气吧，可以理解。"王小飞擦擦汗，顺手从背包里拿出两瓶水，递给刘星星和查理。

"他们有没有搞清楚，咱们其实是一边的啊！"查理恨铁不成钢道，"这么下去，还怎么比赛啊？！"

其他几人听到也感到非常无奈。他们几个正在参加滨海市教育局举办的夏令营，这次的夏令营其实也是一次比赛，只不过比赛不是以学校为单位，而是以队为单位来定输赢。

跟以往的比赛不同，这次他们感到非常没有信心。原因很简单，他们居然跟老对手顶峰学校和奋进学校的同学分到了一个队。老冤家聚头，结果可想而知，顶峰学校和奋进学校的几人迅速结盟，然后开始不断挑战棉花糖学校的学生。

看样子这支由全滨海市最强的三个学校组成的团队，这次很可能因为内讧而折戟沉沙。想到这里，大家心里就不是滋味。

这时，王小美和杨小鹰也赶了上来，看到一群男生在这里抱怨，王小美笑道："算了，也不全是坏事，说不定咱们能就此胜出呢？"

众人看了看周围，眼神带着几分无奈。难不成内讧成这样，比赛还有希望赢吗？

众人对视一眼，也都明白现在的局面可不是一两句话就能解决的，只好走一步看一步了。

趁着这会儿休息，马大虎又问起了那个让他困惑不已的问题："Y老师，咱们这次到底是科技夏令营还是越野夏令营啊，这山沟沟里面能有什么科技啊！"这个问题，其实也是所有参加夏令营的学生们心中的疑惑。

Y老师微微一笑："到地方你们就知道啦。还有，你们也别抱怨了，你们看，史蒂芬·赵他们又准备继续前进了啊！我过去看看他们的情况，你们也别落太远啦。"

说罢，Y老师大步流星地赶了上去，完全不像是在走山路。

众人抬头看去，果然看到前面不远处的奋进学校和顶峰学校的几人又站了起来，准备出发了。看看前面的山路，众人不情愿地背起背包，又开始向前走去。

说起来，这次的夏令营确实挺有神秘感的。为了丰富学生们的暑期生活，滨海市教育局组织了这个科技夏令营。虽然名字是"科技",但是却没有去什么展览会、科技企业或者大学校园之类的地方,而是带着学生们钻进了山里。

王小飞边走边想:"到底这次的科技大赛是要比什么呢?怎么比呢?不过,这些都不重要,现在这个团队内部根本没法形成合力,要是矛盾激化起来,可能连作品都拿不出来,更别说取得什么名次了。"

前面的山路上,自己这一组,明显地分成了泾渭分明的两群人。这个情景跟其他两组有说有

笑的情形形成了鲜明的对比，更是让王小飞觉得一个头两个大。

王小飞摇摇头："这次比赛，不容易！"

来到靠山村

"欢迎大家来到靠山村，我是这里的村长，我姓张，叫张大山。你们可以叫我大山村长。"负责接待的是村长张大山。跟想象中拿着旱烟袋的老爷爷不一样，大山村长是一个个子不高，皮肤黝黑的年轻人，活脱脱一个阳光帅气运动员一般，一看就让人心生好感。

他在村口把夏令营的众人迎到村里，一边走还一边介绍村里的情况。

"我们靠山村的位置在虎头山和鸡鸣山之间，距离最近的靠山镇也有一百多公里，而且有一大段山路，交通很不方便，大家这一路上肯定也是有感觉的啦。"

山村的环境跟城市大不相同，这里山清水秀，绿树成荫，鸡犬之声相闻，不时能见到像松鼠、野兔这样的小动物在身边出没。

这让学生们感到非常的新奇，一路上兴奋不已。

很快，大家就来到他们这次夏令营的驻地——靠山小学。这个小学比起滨海的学校来说简直是天壤之别，只有一排平房，共计两三个课室和一块不大的操场。学校的设施虽然很简陋，但却收拾得很干净。

"这个学校是前两年财政拨款建起来的，大家这段时间就住在这里，条件比不得城里，大家将就一下，别嫌弃啊！"大山村长略带歉意地说道。

"孩子们过来就是要体验生活、锻炼能力的，这样的条件已经很好了。"Y老师诚恳地说道。接着，Y老师和其他带队老师就跟大山村长一起，帮大家分配好住宿的课室，安顿了下来。

当天晚上，村长和村民们就在村里的晒谷场上为大家举办了一场篝火晚会，算是为一行人接风洗尘，同时，这次科技夏令营的神秘面纱也要被揭开了。

到了晚上，晒谷场上就点起了一大堆篝火，火光把周围的人和物都涂抹了一层温暖的色彩。村民和学生们就围着篝火坐下来，还有村民把准备好食物和饮料分发给大家。空气里木柴燃烧的味道和烤肉、烤玉米、新鲜水果的香味混合在一起，十分诱人。

学生们也很快就跟村里的孩子们打成一片，大家相互交换着食物和小礼物，还分享了各自喜欢的动漫和游戏。这不，"社牛"马大虎和查理已经拉上刘星星，拿着手机跟两个村里的孩子们开始组队开战了。

"五点钟方向有个敌人，狙他！"查理大声指挥。

"赶紧的，九点钟方向有空投，我开车接上你们，一起过去抢啊！"马大虎突然发现更好的机会，急忙通知大家。

"不好，我手机没电了，没电了！"刘星星痛苦地大喊。

查理着急道："快，快充电啊！"

刘星星环顾四周，再看看电量见底的手机，无奈道："这哪里有电源啊，还有，你没看到整个村子都停电了吗！"

"没事儿，我包里有充电宝，你拿一个！"马大虎头也不抬地对刘星星道。

刘星星赶忙起身去翻马大虎的背包，打开一看，一下子给惊到了："你到底拿了几个充电宝啊？！"

旁边几人探头过去，只见马大虎的包里放着七八个大大小小充电宝。

"怎么样，我老马从来不打无准备之仗！"马大虎双手叉腰，无比自豪。

几人直呼佩服。

这局游戏毫无悬念地轻松获胜，大家击掌相庆，随即准备再开一局。

这时，王小美悄悄走了过来，提醒几人晚会

开始了，大家也只好依依不舍地放下了手机。

首先是大山村长致辞，他表达了对孩子们的欢迎和对这次活动的期待："靠山村是一个美丽的山村，我衷心希望这次夏令营能成为所有人心中美好的回忆。"

接着Y老师做了一个简短的发言，他表示这次教育局组织的科技夏令营不但要锻炼孩子们在不同环境下的适应能力，还希望孩子们可以因地制宜拿出自己的科技方案。

同时，他宣布了这次科技比赛的主题，就是用自己的创造力推动靠山村的发展，三支队伍分别进行调研，并且拥有10万元的项目开发基金。最终，由靠山村的村民投票选出他们心目中最好的科技项目。

虽然张大山早已知道整个夏令营的计划，但是听到这里，还是忍不住皱了皱眉。

大山村长是土生土长的靠山村人，后来自己

努力考上了大学，之后又响应号召回到靠山村当上了大学生村官。可以说是一个既有知识，又有见识，还对靠山村有感情的村官。

看着兴高采烈玩游戏、吃烧烤的孩子们，他不禁摇了摇头。自从他上任以来，村里也引入了不少的清洁能源项目，太阳能、风能、生物能发电，还有原来的水电都尝试了，还是没解决问题。

看到这一幕，Y老师走过去，拍了拍大山村长的肩膀说："有时候，咱们也应该多给他们一些信心，说不定，他们能给咱们带来惊喜呢！"

大山村长也礼貌地笑了笑，算是回应。在他看来，这30万元的资金怕是要打水漂了，一群孩子能折腾出什么来呢？

方案之争

靠山村的条件比较艰苦，无论是吃还是住，条件都跟同学们之前的生活天差地别。然而要说起最让大家感到不方便的，还是经常性的停电。

篝火晚会的第二天，各队就开始了各自的调研。而咱们这支最强三校组成的队伍，则是分成了两个小组，开始了各自的活动。

经过了两天的调研，Y老师将所有人召集到了一起，想听听大家的计划。

"我们认为，首先要解决的是电的问题！"尤大志站起来，自信满满地说出了自己的看法。当然，这个看法也是奋进学校和顶峰学校的一致看法。

经过这两天的走访和实地勘察，他们已经发现靠山村当前发展的最大问题就是缺电。因为偏僻的地理位置，靠山村很难从电网中获得可靠的电力供应。靠山村自己倒是有一个小型的水电站，但是这个水电站的规模比较小，而且发电很不稳定。

靠山村的这条河虽然有比较大的落差，但是水量比较小。所以，在雨量丰沛的丰水期，水电站还可以提供一定的电力，但是到了枯水期的时候，发电量就是杯水车薪。

而且，这条河还承担着灌溉、居民用水这些功能。因此，除非水库要溢出来，否则小水电基本都不会开机发电。

在一番分析之后，尤大志提出了他的方案："靠山村之所以缺电，主要是他们的水电站没有得到充分的利用。我们的想法是改造水电站，把水库的容量加大。这样一来，水电站就不会因为水量不足而无法运行了！"

奋进学校的同学们纷纷表示赞同。但是这一次，顶峰学校的同学虽然没有反对，却没有跟进。

119

尤大志有点不解地看向史蒂芬·赵他们问道，"难道这个方案有什么问题吗？"

"扩大水电站的库容是能够让水电站的运行更加平稳一些，但解决不了根本问题，"王小飞顿了顿道，"因为这条河的水量就这么多，我算了一下，根本无法支撑全村的用电。"

说罢，王小飞还说了一下自己的计算过程。尤大志虽然很想反驳，但是反复看了几遍也没发现大的计算错误，也只能悻悻然作罢。

看到自己的队友又被棉花糖学校的同学打击，史蒂芬·赵决心扳回一城："要想解决靠山村的难题，只能用我的方案。"然后他故作神秘地用一根手指指向上方。

他的这个动作引得在座所有人都把目光看向屋顶。马大虎看了几秒钟，很疑惑地问道："蜘蛛网也能发电？"

史蒂芬·赵不屑道："是太阳，太阳！用太阳能发电技术，才是解决问题的唯一手段！"

121

　　他的方案很简单，那就是在每家每户的屋顶安装太阳能板，这样就可以解决用电问题了。

　　"现在的靠山村虽然已经有了太阳能发电，但是规模太小，没办法满足村民的需要。我们可以安装更多的太阳能板，解决这个难题！"史蒂芬·赵自信地说道。

　　"太阳能是白天发电，晚上咋办哩？"查理问道。

　　史蒂芬·赵伸出食指左右摆动，脸上露出一

抹得意的笑容："啧啧啧，这位同学恐怕对现在的太阳能发电技术不太了解啊。现在的太阳能板加上锂电池组，完全可以做到发电、储能一体化。你说的这个问题根本不存在啊。"

"靠山村有 100 多户居民，如果按照每户每月 60 度电计算，一个月就是 6000 多度电。这样一来，发电设施需要扩容到 200 千瓦以上，储能系统的规模起码需要达到 800 千瓦时以上。"说到这里，王小飞抬头看向已经有点懵圈的史蒂芬·赵："设备成本就差不多要 150 万，还不包括安装、调试的成本。"

王小飞放下手上的平板电脑语重心长地说道："钱，不够啊！"好吧，对于"不食人间烟火"的史蒂芬·赵来说，缺钱的情况从来就不在他的考虑范围之内。

接下来，大家又讨论了生物能、风能这些能源形式，但不是规模不够，就是稳定性不足，要么就是造价太高。就这样，讨论在没有定论的情况下暂告一段落。

散会后，大山村长找到 Y 老师，颇有感慨："这群孩子真的很不错，思路灵活，如果不是靠山村的情况这么复杂，他们说不定真能想出解决办法呢！"

Y 老师笑着拍了拍大山村长的背："就让孩子们去折腾吧，说不定有惊喜呢？"

无解的难题

"马大虎，充电宝！"王小飞看着电量告急的平板电脑，头也不抬地说。

"给！"马大虎心疼地拿出一个充电宝，"这可是最后一个了哈！"

"来来，吃橘子啦，"查理拿着一篮子橘子走了进来，一边分给屋子里的几人，一边问道："有啥进展不？想出啥好主意没啊？"

马大虎接过一个橘子，没好气道："办法没有，我的充电宝倒是都用光了！"

查理也坐下来，安慰道："别那么小气嘛，怎么说你这也是为项目作出贡献了嘛！组织是不会忘记你的！"

马大虎一扭头："我信你个大头鬼。"

刘星星一边吃橘子，一边道："你们说，这靠山村的用电，到底该怎么解决呢？"

王小飞放下平板电脑，脱下眼镜，揉了揉眉心："我刚才算了一下，其实靠山村的电是足够用的。"

"哦？那怎么还会缺电呢？"王小美从查理手上抢下一个剥好的橘子，分给杨小鹰一些。

"因为供电不稳定，"王小飞拿着橘子一边吃，一边道："虽然发电总量足够，但是风能、太阳能和小水电的发电都是不稳定的，时有时无。这种电几乎没法使用。而且，像太阳能发电，晚上本来是用电高峰，但是晚上没太阳啊，所以根本解决不了实际问题。"

"那就是说，这些电就算再多，其实也没法解决问题喽？"刘星星问道。

王小飞点点头："是的，这种电发得再多，也解决不了问题。"

"嗯，没错。"马大虎边吃边道，"再多的电也比不上我这几个小小的充电宝，对吧？"

听到马大虎这句话，众人像是突然想通了什么。没错，要是能有个大大的充电宝，那问题不就解决了吗？

其实，马大虎的这句话说出了一个很不错的电力解决方案，那就是通过增加一个电力储存装置，在供电量大于用电量的时候，就通过充电来将多余的电量存储起来，到了供电量不足的时候，再放电来满足用电需要。

随即众人又想到了史蒂芬·赵的方案。他的方案本质上就是一个太阳能板加上一个巨大的充电宝。

"你那天就说了，这个办法行不通啊！"查理摆摆手道，"太贵了，用不起啊！"

王小飞推了推眼镜："谁说电能存储就一定很贵呢？"

126

神奇的储能方案

三天后的一个下午，棉花糖、顶峰和奋进三个学校的同学们再次聚到了一起。

"今天，咱们再来过一次这个方案。"说罢，王小飞揭开了覆盖在桌子上面的一块布，同时，一个略显简陋的水电站模型出现在众人面前。如果仔细看，你会发现，里面用到的材料都是同学们这些天拼命"搜刮"的结果。

这个模型是一条依山而下的河流，在河流的中间有一个水库，水库的闸口处是一组水力发电机组。而在河流的下游不远处，有一个河流天然冲积而成的小水潭。

"这是我们依照靠山村水电站的情形制作的一个模型。"王小飞介绍道，"当水库的闸门打开

127

的时候，水流推动发电机对外供电，闸门放下的时候，水流停止，发电机停止工作。如果我们一直放水发电，那么到了枯水期，会因为水量不足，发电机的发电量同样也会减少，甚至停止工作。"

随着王小飞的介绍，查理用手将闸门提起，水流开始流动。这时，发电机产生的电流点亮了一个小灯泡。过了一会儿，水库里的水流完，小灯泡也渐渐熄灭了。

众人点点头，这就是现在的情况。大家也都清楚，在枯水期的时候，如果继续放水发电，最终就会出现既没有电，也无水可用的状态。

"所以，我们就想，如果咱们加入一套抽水装置，将下游的水潭的水，重新抽到上游的水库里，那么，是不是就可以解决这个问题了呢？"王小飞平静地继续介绍着方案。

同时，马大虎和查理熟练地把一套带着马达和管子的抽水装置，放到了模型上。这套抽水装置的下端进水口正好插入水潭之中，而出水的一端则对准对了上游的水库。史蒂芬·赵和尤大志等人看到这里，不由得站了起来，凑到了模型旁边，想要看清整个运作过程。

随着马达开关打开，下游的水被抽了上来，上游水库里的水渐渐多了起来。此时，发电机组再次运行起来，表明发电状态的小灯泡再次亮了起来。

"好！"

"太棒了！"

尤大志和史蒂芬·赵脱口而出。

史蒂芬·赵仔仔细细地把模型看了几遍，抬头道："这个想法太棒了，你怎么想到的啊！"

王小飞推了推眼镜："这是一个很成熟的方案，叫作抽水储能电站。是马大虎的充电宝，还有史蒂芬·赵的太阳能储电方案，让我意识到电力的储存是关键。我上网查资料的时候，看到了这个方案。我觉得这个方案可能是目前解决靠山村电力短缺的最佳方案。"

水库也可以成为一个大的"充电宝"！

史蒂芬·赵指着抽水装置上面的那节五号电池道："抽水装置的电力来源，可以是靠山村目前已经安装的太阳能板。这样一来，白天发的电，就可以被储存起来，用来晚上给大家用了！"

尤大志也兴奋道："没错！还有那些生物能、风能发出的电，电网输送过来的电，都可以通过这种方式被储存起来，简直太棒了！"

看到所有人都兴奋了起来，王小飞却开始泼

冷水："但是，这个方案还是有几个很大的问题。"

大家瞬间安静了下来。

王小飞依然冷静地说道："首先，咱们都不是专业的电力工程师，到底该选用什么设备，如何安装，这是很专业的问题，咱们恐怕解决不了。其次，这套设备的造价也很可能会超出预算。最后，这套设备总不能放在露天的环境吧，要建一个房间来放，这又是一笔预算，咱们同样也没有！"

预想中的冷场并没有出现，反而是一片兴奋的讨论声。

突然，有人举手示意："我爸爸是电力工程师，我想他应该可以帮忙出图纸！"

大家转头一看，说话的是伍理想。看到大家都看向自己，伍理想有点不好意思，小声道："不知道这样能不能帮上忙……"

"简直太可以了！"查理握住伍理想的双手，用力地摇晃着："兄弟，你这简直是解决大问题啦！"

131

史蒂芬·赵摆出一副快来问我的样子："预算不够的问题我可以解决。"

看到众人一副不屑的表情，史蒂芬·赵赶紧说出自己的想法："其他两队的方案我去听过，花不了什么钱。我在想咱们应该可以游说一下他们，把用不完的预算匀一点给咱们嘛。"

"嗯，我觉得可行，"马大虎沉吟道，"他们如果不愿意，我就断了他们的充电宝！"

众人哈哈大笑起来。

"那建房子怎么办啊……难道咱们自己上？"刘星星不自信地说道。

"不用怀疑，那是不可能的，咱们自己动手大概率是个危房。"王小飞平静道。

说实话，这个其实也是他心里最没底的部分。

这时，一个声音响起："房子的事情，我来解决！"

大家定睛一看，原来是大山村长。不知道什

么时候，大山村长已经来到了这里。

"我可以从靠山村的财政里挤一点，再发动乡亲们一起动手，肯定能解决的。"大山村长信心满满地说道。

大家欢呼雀跃起来，看来，这个方案真的能成！

133

真正的奖赏

夏令营很快就到了尾声，比赛的结果也到了揭晓的时候。为此，大家决定再举办一次篝火晚会。

同学们精心打造的项目，也都发挥了各自的效果。棉花糖学校所在的一队的抽水储能电站，为靠山村带来了稳定的电力供应。二队的超节能空调项目和三队的电子商务项目都给靠山村的村民们带来了生活的舒适和实惠。

跟之前不同，这次的篝火晚会不再是只有篝火的光亮，周围不再是黑漆漆的一片，而是灯火通明。

终于到了村民投票的环节。只见场地上摆放了三个代表不同队伍的纸箱。村民们拿着选票，依次投给了自己最喜欢的项目。

最终，棉花糖、顶峰和奋进三个学校联合的一队获得了超过一半的票数，获得第一名，老对手成了新朋友，真棒！

然而，对于联合小队的同学们来说，与过往比赛所不同的是，最让他们开心并不是比赛的胜利，而是用自己的才智和努力帮助到真正有需要的人。看到了靠山村的村民们脸上的笑容，这才是最让他们感到最快乐的部分。

"史蒂芬·赵，你那边有敌人啊！"马大虎疯狂地按动手机，着急道。

"我中弹了，怎么办，怎么办！"史蒂芬·赵很少玩这个游戏，一下子手忙脚乱起来。

"没事儿，我有血包，马上到！"查理喊道。

"刘星星，你应该往六点钟方向走……那个马大虎啊，你别乱走啊，空投就在你的九点钟方向……"尤大志背着手指点江山。

几人齐齐转头过去，大喝道："别吵！"然后，继续埋头打了起来。

"你看看，你看看，你们几个小同志，还说不得了，真是的……"尤大志咂咂嘴，又忍不住说："查理，勇敢点，正面刚啊……"

……

看着他们，Y老师笑着端起一杯啤酒，跟大山村长碰杯道："年轻真好！"

杨小鹰的清洁能源发展简史

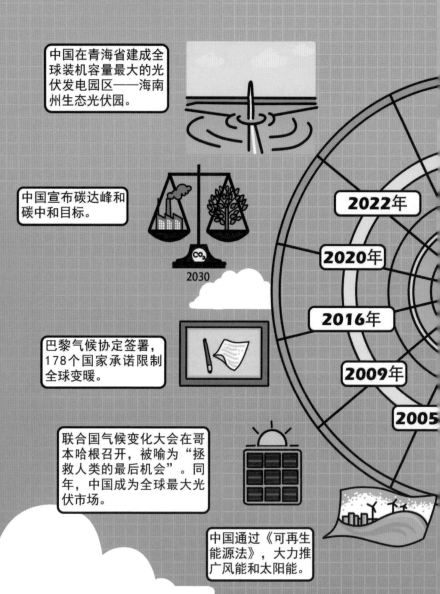

中国在青海省建成全球装机容量最大的光伏发电园区——海南州生态光伏园。

中国宣布碳达峰和碳中和目标。

2030

巴黎气候协定签署，178个国家承诺限制全球变暖。

联合国气候变化大会在哥本哈根召开，被喻为"拯救人类的最后机会"。同年，中国成为全球最大光伏市场。

中国通过《可再生能源法》，大力推广风能和太阳能。

2022年

2020年

2016年

2009年

2005

法国物理学家亚历山大·埃德蒙·贝克莱尔发现了光电效应，这是太阳能电池的基础。

美国发明家莱斯特·艾伦·佩尔顿开发了佩尔顿式水轮机，大大提高了水力发电的效率。

1839年

1870年代

1954年

1970年代

1979年

1986年

美国贝尔实验室开发出第一块硅太阳能电池。

由于石油危机和环境保护意识的提升，世界各地开始更加关注绿色能源的开发和应用。

美国总统吉米·卡特在白宫屋顶安装了太阳能板，成为推动太阳能使用的象征。

中国首座陆上风电场马兰风电场在山东荣成建成并网发电。

王小飞的学习笔记

138

1. 绿色能源关键技术

（1）太阳能发电技术

光伏发电：将太阳光直接转换成电能的技术。

太阳能热发电：利用太阳能加热流体产生蒸汽，驱动涡轮机发电。

（2）风能技术

地面风力发电：利用风力驱动的涡轮机产生电能。

海上风力发电：在海上安装的风力发电站，因风速较高而发电效率更高。

（3）水能技术

水力发电：通过水流驱动涡轮机发电。

潮汐能发电：利用海潮涨落产生的能量发电。

（4）地热能技术

利用地下热水或蒸汽产生的热能进行发电或供暖。

（5）生物质能技术

利用农业废弃物、木材废料等有机物质产生的能量，通过燃烧或生物化学过程转换为电能或热能。

（6）氢能技术

通过水电解或其他化学过程生产氢气，作为清洁能源使用。

（7）可控核聚变

可控核聚变是清洁能源的一种潜在来源，现在还在实验阶段，被视为解决人类能源问题的终极答案。

（8）储能技术

电化学储能（如锂离子电池、流电池）

机械储能（如抽水蓄能、压缩空气储能）

热能储能（如相变材料储热）

139

2. 绿色能源与可持续发展的相关概念

（1）可再生能源

可再生能源是指那些从自然界中源源不断地获得的能源，如太阳能、风能、水能（水电）和地热能。这些能源与化石燃料（如煤炭、石油和天然气）不同，化石燃料是有限的，并且在燃烧时会释放污染物。使用可再生能源可以帮助我们减少温室气体排放，对抗气候变化，因为它们在生成能量时几乎不产生碳排放。

（2）循环经济

循环经济是一种经济模式，它强调资源的高效利用和废物的最小化。在循环经济中，产品设计期到结束生命期都要考虑到环保和资源的再利用，比如通过修理、再制造、回收或将废料变成新的资源。这种模式与传统的"生产、使用、丢弃"模式不同，它鼓励我们创造无废物的系统，从而减少环境污染和资源浪费。

(3) 碳排放

碳排放指的是在生产、消费和其他活动过程中释放到大气中的二氧化碳和其他温室气体。主要来源包括燃烧化石燃料（如汽车行驶、发电厂运行）和一些工业过程。减少碳排放是对抗全球气候变暖的关键。

(4) 碳汇

碳汇指的是可以从大气中吸收并储存二氧化碳的自然或人工系统，比如森林、海洋或土壤。树木在生长过程中通过光合作用吸收二氧化碳，因此植树和保护森林是增加碳汇和对抗全球变暖的有效方法。人工碳汇如碳捕集与封存（CCS）技术也在被开发中，以帮助减少工业排放。

(5) 碳足迹

碳足迹是指个人、组织、事件或产品在其生命周期中直接或间接产生的温室气体总量。计算碳足迹可以帮助我们了解特定活动或行为对环境的影响，并采取措施减少这些影响。

（6）碳中和 / 零碳排放

碳中和（或称为零碳排放）是指通过减少和抵消二氧化碳排放，使净碳排放量达到零的过程。实现碳中和通常涉及减少能源消耗、使用可再生能源，并通过种植树木或利用碳捕集与封存技术来抵消剩余的排放。零碳排放是实现气候目标、保护地球免受进一步气候变化影响的重要步骤。

142

Y 老师的思考题

1. 绿色能源能否完全替代化石燃料？

查理：

当然可以！随着技术的进步，绿色能源将变

得更加高效和便宜，最终能完全替代化石燃料。

王小美:

不太可能。虽然绿色能源很有潜力，但化石燃料在某些领域仍然是必需的，因为绿色能源的供应和效率还不能满足所有需求。

2. 所有家庭都应该安装太阳能板吗?

查理:

应该。这是向绿色能源转型的重要一步，能减少对化石燃料的依赖。

王小美:

这不现实。虽然太阳能板很棒，但并不是所有家庭都能负担得起初期安装费用，而且有些地区的阳光并不充足。

3. 绿色能源会对野生动物产生负面影响吗?

查理:

不会,只要适当规划和设计,可以最小化对野生动物的影响。

王小美:

会的,风力涡轮机可能会对飞行路径中的鸟类造成威胁,水库会改变周边的生态环境……我们需要谨慎考虑。

4. 绿色能源技术的发展是否会创造足够的就业机会?

查理:

当然会,新的绿色能源技术和项目需要大量的人手来设计、建造和维护。

王小美:

可能不会,因为许多绿色能源项目都高度自

动化，实际上可能会减少工作岗位。

5. 电动汽车是所有环境问题的解决方案吗？

查理：

是的，电动汽车比燃油车更清洁，有助于减少空气污染和温室气体排放。

王小美：

不完全是，电动汽车的电池需要稀有金属，其开采和处理过程也会对环境造成影响。

145

6. 是否所有国家都有平等的机会发展绿色能源？

查理：

是的，每个国家都可以根据自己的资源和条件发展适合的绿色能源技术。

王小美：

不一定，一些国家由于经济或技术限制，可能难以投资和发展绿色能源。

7. 绿色能源是否能够确保全球的能源安全?

查理:

能,通过多元化能源来源,绿色能源可以帮助减少对单一能源的依赖,提高能源安全。

王小美:

难说,因为绿色能源的供应和产量受天气和地理位置的影响,可能不如化石燃料稳定。

8. 是否应该对不使用绿色能源的企业征收环保税?

查理:

应该,这将鼓励企业采用更环保的能源解决方案。

王小美:

不应该,这可能会增加企业的运营成本,最终转嫁给消费者。

一起动手吧

1. 太阳能烤箱

利用纸箱、铝箔、透明塑料薄膜和黑色纸制作一个简易的太阳能烤箱。尝试在晴天利用它加热小食品，比如巧克力棒或棉花糖。观察太阳能如何被捕获和转化为热能，以及热能如何被用于烹饪食物。

2. 风力发电实验

使用纸杯、木棒和塑料叶片制作一个简单的风车模型，将其放在风力作用下，观察风车的转动。理解风能如何转化为机械能，并讨论风力发电的原理及其对环境的影响。

3. 自制水轮

用回收的塑料瓶和竹签制作一个水轮模型，通过水流使其旋转。演示水能如何被转化成机械能，了解水能发电的基本原理。

4. 种植你的碳汇

种植一棵树或一盆植物，并定期记录其生长情况。了解植物如何通过光合作用减少大气中的温室气体。

碳汇计算表

名称	计算周期	每年增长	含碳百分比	年碳吸收量	总碳吸收量
玫瑰花	1 年	300g	40%	120g	120g

*含碳百分比：树木可取 50%，草本植物可取 40%。

*计算公式：总碳吸收量＝植物增重 × 含碳百分比 × 计算周期

5. 记录我的碳足迹

碳足迹就是一个人、一个组织或者一个产品在某段时间的碳排放量的总和。今天让我们一起来记录自己的碳足迹吧！

下面这张碳足迹表只是总结了居家和外出两个类别的日常活动。请同学们根据下面的碳足迹表，计算一下我们的生活里到底产生了多少的碳排放吧。

计算公式：

该活动的量 × 某项活动的碳排放系数 = 某项活动的碳排放总量

碳足迹表

类别 / 活动	碳排放系数	排放量（kg）	备注
居家	0	0	
家庭用电	0.785	用电量 × 0.785	用电量：千瓦时
天然气	0.19	用气量 × 0.19	用气量：立方米
家庭用水	0.91	用水量 × 0.91	用水量：吨
出行	0	0	
家用油车	0.175	公里数 ×0.175	
家用油电混合车	0.088	公里数 ×0.088	

(续表)

类别 / 活动	碳排放系数	排放量（kg）	备注
纯电家用车	0.078	公里数 ×0.078	
摩托车	0.046	公里数 ×0.046	
电动车	0.025	公里数 ×0.025	
步行 / 自行车	0	0	
公共汽车	0.04	公里数 ×0.04	
地铁	0.03	公里数 ×0.03	
短途飞行	0.275	公里数 ×0.275	200 千米以内
中途飞行	0.105	55+（公里数 -200）×0.105	200 千米— 1000 千米
长途飞行	0.139	公里数 ×0.139	1000 千米以上

　　说明：当你要计算自己一个人的居家碳足迹时，记得要将家庭的碳排放总量除以家庭人口数。而当你要计算整个家庭或团队外出的碳足迹时，记得要用计算的结果乘以同行的人数哦。

6. 节能侦探

在家中进行能源审计，找出可以节省能源的地方，比如关灯习惯、电器待机功耗等。了解家庭能源消耗对环境的影响，并学习如何减少这种影响。

7. 回收再利用工艺

收集家中的回收物品，如废纸、塑料瓶等，制作成艺术品或实用物品，体验如何通过物品再利用减少垃圾产生。

8. 绿色能源日记

任务：记录一周内你自己使用的或观察到的绿色能源，如骑自行车、使用太阳能灯等。通过这样的记录，让环保实践逐渐成为生活的一部分。

联系 Y 老师

同学们，上面的思考题和动手题，Y 老师都希望你可以想一想试一试，如果你有什么好的想法，或者遇到什么困难，也欢迎你随时联系 Y 老师。

我在这里等你哦：公众号"少年 AI 漫游指南"

邮箱地址：AskTeacherY@outlook.com

内容提要

在风景如画的滨海市，三所风格迥异的学校——棉花糖学校、顶峰学校与奋进学校，构成了充满竞争与友谊的"校园三国"。全书以三所学校的科技活动为主线，通过轻松幽默的校园故事，逐步带领孩子走近航空航天、自动驾驶、机器人、虚拟现实、人工智能、绿色能源等 12 个前沿科技领域。故事中，三所学校的孩子们积极运用科技的力量来解决学习与生活中的难题，在实践中加深了对科技的理解。

除故事外，每个章节特别增设了"科技发展简史""学习笔记"和"一起动手吧"三个板块，让孩子在趣味阅读中了解科技知识，拓展科技视野。

图书在版编目（CIP）数据

校园三国之炫酷科技 / 柴小贝, 戴军著 . -- 上海：上海交通大学出版社, 2025.3. -- ISBN 978-7-313-32116-9

I . N49

中国国家版本馆 CIP 数据核字第 2025LT2446 号

校园三国之炫酷科技
XIAOYUAN SANGUO ZHI XUANKU KEJI

著　　者：柴小贝　戴　军	
出版发行：上海交通大学出版社	地　　址：上海市番禺路 951 号
邮政编码：200030	电　　话：021-64071208
印　　制：上海景条印刷有限公司	经　　销：全国新华书店
开　　本：880mm×1230mm　1/32	总 印 张：21.25
总 字 数：241 千字	
版　　次：2025 年 3 月第 1 版	印　　次：2025 年 3 月第 1 次印刷
书　　号：ISBN 978-7-313-32116-9	
定　　价：118.00 元（全 4 册）	

校园三国之 炫酷科技 III

柴小贝　戴军　著
海鸥　绘

上海交通大学出版社
SHANGHAI JIAO TONG UNIVERSITY PRESS

来啊，与 Y 老师和小伙伴一起玩耍 PK~

扫码关注
【少年 AI 漫游指南】

加入故事里的科技探险……

内容简介

　　在风景如画的滨海市，三所风格迥异的学校——棉花糖学校、顶峰学校与奋进学校，构成了充满竞争与友谊的"校园三国"。全书以三所学校的科技活动为主线，通过轻松幽默的校园故事，逐步带领孩子走近航空航天、自动驾驶、机器人、虚拟现实、人工智能、绿色能源等 12 个前沿科技领域。故事中，三所学校的孩子们积极运用科技的力量来解决学习与生活中的难题，在实践中加深了对科技的理解。

　　除故事外，每个章节特别增设了"科技发展简史""学习笔记"和"一起动手吧"三个板块，让孩子在趣味阅读中了解科技知识，拓展科技视野。

人物介绍

郑永正

棉花糖学校科学课老师，斯坦福大学退学博士，学生们起花名"歪老师"，代号"Y老师"。

华山

棉花糖学校教导主任，身材魁梧，隐秘的"武林"高手。

陆言

棉花糖学校"掌门人"，儒雅博学，教育改革家，Y老师当年的班主任。

何苗

棉花糖学校六（6）班班主任，说话温柔，笑起来有两个酒窝，喜欢花花草草。

王小飞

棉花糖学校学生，双胞胎哥哥，冷面学霸，隐藏的体育高手。

王小美

棉花糖学校学生，双胞胎妹妹，班长，手工达人，能歌善舞，热情，有正义感。

马大虎

棉花糖学校学生，出名的顽皮鬼，黑黑的皮肤，高高壮壮，篮球高手，Y老师忠实粉丝。

刘星星

棉花糖学校学生，马大虎好朋友，航天迷。

杨小鹰

棉花糖学校学生，很爱笑的开心果，喜欢科学，爱读书。

查理

棉花糖学校学生，爸爸是英国人，妈妈是中国人，一头金发，满口东北话，天然呆。

芭芭拉（柳青）

顶峰学校校长，从头到脚精英范，衣着考究，英语老师。

史蒂芬·赵（赵勇）

顶峰学校学生，身材高大，相貌俊朗，穿着考究，智商很高，喜欢装腔。

戚华

奋进学校校长，人称"卷王"之王，中等身材，高颧骨，面部轮廓分明，眼睛不大但眼神坚定，略显严肃。

尤大志

奋进学校学生，小版"卷王"，中等个头，样子不突出，但眼神坚定。

伍理想

奋进学校学生，一个性格有点跳脱、喜欢运动的孩子。父母对他寄予厚望，但他在学校里感觉很压抑。

滨海，一座位于南方海岸线上的美丽城市。

这里依山傍水，历史悠久，有很多网红打卡景点。近代以来，港口贸易的发展，让滨海又成为连接世界的重要出口。生活富裕，美食众多，滨海一直稳居全国宜居城市的前十。

在美丽的滨海，有三所著名的学校，备受家长们追捧。这其中鼎鼎大名的当属顶峰学校，它是滨海市最老牌的精英学校，历史悠久，盛名在外，简直就是滨海教育界的金字招牌。优秀的毕业生更是层出不穷，比如，郑永正老师这样的青年才俊，就是当年在顶峰学校陆言老师的得意门生。

顶峰学校人才济济，陆言、戚华还有现在顶峰学校的校长——"女魔头"芭芭拉，三个都曾是顶峰学校的教师骨干，也曾是比肩合作的老友，终因为理念不同而分道扬镳。陆老师创办了棉花糖学校，戚老师接管了奋进学校，芭芭拉留在了顶峰学校成为掌门人。三位个性独特的领头人，都在各自

领域闪闪发光，于是顶峰学校、棉花糖学校和奋进学校形成了三足鼎立之势，成为滨海赫赫有名的"校园三国"。

顶峰学校以其悠久的历史和强大的校友网络而闻名，这里的学生大多出身不凡，在顶峰学校上学也让他们有着不少优越感。顶峰学校的家长们藏龙卧虎，能量无限，因此顶峰学校的学生们眼界和见识也自然常常超越同龄人，他们经常在各种比赛中表现不凡，也让顶峰学校的学生有点超乎年龄的自负。可能是拥有的太多，顶峰学校在盛名之下，少了点脚踏实地的坚持，学生们擅长的事情很多，专注的事情却很少。

奋进学校曾是滨海学校中第二梯队的领先者，而自从戚华空降做了校长后，他把奋进学校带进了滨海前三。戚老师绝对是个人奋斗的典型，他出生在一个贫困山区，是家中的老大，父母都是农民，为了供他上学异常艰辛。而戚华也没有辜负父母的

期望，是当年的高考状元，成了家乡的骄傲。在奋进学校，戚老师常挂在嘴边的话就是"爱拼才会赢"。奋进学校以其严格的考试制度和对成绩的重视而闻名，家长们都觉得奋进学校的学风很正，学生们勤学苦练，目标坚定，但过于严格的环境也让不少学生感到压力山大。

在这三所学校里，虽然棉花糖学校成立时间最短，建校不过 10 多年，却以独特的教育理念迅速崛起，成为滨海顶尖学校中的一匹黑马。别看学校的名字软绵绵的，棉花糖学校的硬实力却不容小觑。棉花糖学校以其快乐的教学方式和对解决问题能力的重视而闻名。学生们在学习中感到快乐和有动力，他们能够自由地探索自己的兴趣和提升自己的才能。陆言校长希望学校就像棉花糖一样，松软香甜，让同学们在学习中感到有趣快乐，充满想象力和创造力。

目 录

一场别开生面的除草大战

引子

人类从事农业活动历史悠久，几千年来农业一直是人类进步的基石。正是因为有了农业活动，人类才得以定居、繁荣和建立社区，这些社区后来渐渐发展成为城市和国家。

我们餐桌上的每一份食物都是农民伯伯的智慧、韧性和辛勤劳动的见证。而农业的故事不仅仅是关于食物，也关乎于我们与自然世界的关系、与土地的联系，以及所有人的更好生活。

中国作为世界上人口最多的国家之一，农业发展一直是国家经济发展的重要支柱，国家大力推动现代农业的发展。享誉海内外的现代农业科学家袁隆平爷爷为我们培育了高产量的杂交水稻种子；以卫星成像、无人机和大数据分析等支撑下的精准农业技术，让我们今天的农业耕种更加便于管理，也有助于减少浪费和提高产量；使用先进的水培、气培和 LED 照明技术在控制环境中种植作物的垂直农业项目也开始在一些城市里兴起。现代农业对于确保全球粮食安全、可持续性和环境保护至关重要。

农村生活对于城市里的孩子们来说听起来很遥远，不过有了靠山村的实地经验，滨海三大学校的学生们对农村到底是什么样子的，有了具体而深刻的理解。当新的挑战是关于一个现代农场时，他们准备得可充分了，结果却出乎意料……

充足的准备

"王小飞、史蒂芬·赵，等等我们！"一个有气无力的声音从后方传来。

王小飞回头一看，只见马大虎、查理、刘星星和尤大志几人汗流浃背，气喘吁吁。

王小飞眉头微皱："你们走快点，其他两组已经把咱们拉得很远了！"

史蒂芬·赵也一脸嫌弃："你们也太弱了啊，平时要注意锻炼！"

马大虎不高兴了："说谁弱啊！我跟你换个背包，怎么样？"

史蒂芬·赵看了一眼马大虎的背包，心里有点嫌弃，这包看起来呆头呆脑的，跟马大虎人一样，不够酷。不过面对着对方明晃晃的宣战，他也没有示弱的道理。于是，他立马放下自己那款精致的背包，准备试试马大虎的。

谁知道，他刚接过马大虎的背包，差点栽了一个跟头。

"你的背包里到底装什么了啊！包怎么这么沉啊！"史蒂芬·赵一把把背包放在了地上，"你这是自作自受，不换不换！"

马大虎可不管那么多，径直把史蒂芬·赵的背包背了起来："刚才说谁弱来着？你试试，看到底是谁弱！"

就在俩人争执不下的时候，Y老师见几人迟迟没有跟上大队伍，走了过来。了解清楚情况后，Y老师也掂了掂马大虎等人的背包，确实很沉。Y老师的好奇心也顿时被勾了起来。

马大虎带着几分神秘道："我这里可都是好东西啊！我敢说，有了我们带的这些好东西，咱们这次一定拿第一！"

听到马大虎这么说，王小美、杨小鹰也好奇地凑了过来。她们也想看看马大虎的神秘法宝到底是什么。毕竟，她俩只准备了些驱蚊液、防晒霜之类的小物件，实在想不出还需要准备些什么。

只见马大虎从背包里拿出了几个布包，打开一看，里面分别是几根一端缠着布条的木头棒子，一个短柄的锄头，一个手摇式发电机，当然还有好多个充电宝。

马大虎洋洋得意地说："怎么样，厉害吧！"

Y老师有点无语，看向查理、刘星星和尤大志三人："你们也都是带了这些？"

三人摇摇头。查理道："我们怎么可能带跟他一样的东西，我们可是分工合作的。"

说着，他们三人也开始打开背包往外拿东西，不一会儿地上就摆满了五花八门的物品。

有草帽、防水的雨鞋、蓑衣、煤油灯、镰刀、斧头、铲子、蛇药、指南针、地图、打火机、压

5

缩饼干、维生素，甚至还有好几支窜天猴。

Y 老师揉了揉眉心，努力让自己的语气和心态平静下来："咱们是去农场，不是去打游击战，你们怎么带这些啊……"

马大虎振振有词："Y 老师你也说了，咱们这是去农场，去农场做什么？当然是种地啦！"

查理接着道："既然是学种地，我们肯定要做好准备，这些工具啊什么的，自己准备好，肯定是更好嘛！"

看来，靠山村的经历让他们对农村生活确实加深了理解。

"农具我明白了，那这个……"说着，Y 老师指向蓑衣。

"夏天会下雨，蓑衣是很有必要的。"刘星星道："这还是我从铁蛋家里拿的。"

"那这个……"

"这里肯定会停电，煤油灯和火把很有必

要。"查理道。

"那这……"

"如果吃不饱，压缩饼干和维生素可以让我们保持体力！所以，是很有必要的。"尤大志也积极补充道。

Y老师不禁扶额，这群孩子，这是去农场还是去野外生存啊！

"这个手摇式发电机、充电宝……"马大虎还想接着解释，Y老师打断了他："因为会停电，所以带着这些，对吧？"

7

Y老师指着最后几样："指南针、地图是为了手机没信号的时候也可以找到路，蛇药可以救治被蛇咬伤，这些我都明白，可是这个窜天猴……你们打算在这里放烟花玩吗？"

"肤浅了，肤浅了！"尤大志摇摇头，Y老师听到立刻挑眉，自己还是第一次收到这样的"好评"。不过尤大志完全没注意Y老师的内心震荡，而是略带得意地说："这是为了在非常时刻进行紧急联络的。"

"没错！"刘星星也插嘴道，"一支穿云箭，千军万马来相见！"

"这可是我们几个人好不容易想到的呢！"查理也自豪道。

Y老师这时的心情只能用波澜壮阔来形容，他已经不知道如何跟这几个人解释。不过看着这群自信满满的学生们，他也不想扫兴，于是，他配合地点点头："想得很周全！"

他回头看了看大队伍，已经走了挺远了。

"收拾收拾东西，赶紧走吧！"Y老师看着地上的这些物品道，"没几步路了，赶紧追上大队伍！"

"哎，等等！"史蒂芬·赵见马大虎背着自己的背包就要往前走，赶紧拉住他："还我背包！"

马大虎一脸的理所当然："愿赌服输，你可别想赖账啊！"

9

说罢，摆脱史蒂芬·赵一溜烟地往前跑去，边跑还边喊："别漏了东西啊！"

看着马大虎渐渐远去的背影，史蒂芬·赵也只好一边收拾地上的东西一边懊恼："好好的，打什么赌呢，自作自受……"

这也叫农场？！

此时，马大虎等人的大脑已经感觉有点宕机了。他们几个坐在一个窗明几净的房间，吹着空调，正在听一个戴眼镜的年轻人介绍农场的情况。这个年轻人姓方，是滨海农业大学的研究生，目前就在这个农场里担任研究员的工作，Y老师给大家介绍时称他为方老师。

这个名为"新绿"的农场，不仅是一个以高新科技武装起来的现代化农场，还是滨海农业大学的一个试验基地。所以，这里也有不少滨海农业大学的老师和学生在这里工作。

马大虎看了一眼房间角落里自己和其他几人精心策划准备的物品，不禁有点汗颜。他转头看了看身旁的查理和刘星星，大家似乎也是同样的想法。

　　看着窗外远处整齐的农田，不时嗡嗡飞过的无人机，还有穿梭在田间的无人驾驶拖拉机和其他车辆，马大虎心中叫苦不迭。

　　说好的农场呢？这个农场，既干净又整洁，颇有电影大片中的现代化工厂，或是高科技的研发中心之风。

　　刚才一路上他们参观了好多这里的设施，一个比一个震撼。比如自动起降的无人机，只要规划好线路，这些无人机就会播种、施肥。又比如遍布整个农场的传感器，能够及时将土壤的温湿度、酸碱度这些重要的信息传递回来，根本不需要工作人员天天到农田里采样、化验，省时省力。更不用说那些自动翻土、自动采摘的无人车辆，还有可以精准控制的滴灌系统。

这里与他们脑海里的农村毫无关系，既没有枯藤老树昏鸦，也没有小桥流水人家。原先担心的停电、手机没信号、缺医少药、物资匮乏也压根就不存在。

这里不是艰苦简陋的靠山村，也没有一群面朝黄土背朝天辛勤耕耘的农民伯伯们。准确地说，他们在农场里就看不到几个人。

不过，这里比起人口集中、生活便利的城市还是有一些不同。方老师告诉大家，他们这里虽然也可以网购，但是远不如让周末休假的同事代购来得方便。想要吃个外卖，喝个奶茶什么的，

12

基本不可能，外卖送不了那么远的地方。

此时的马大虎却在心里盘算着怎么尽快把自己辛苦背来的装备悄无声息地处理掉，否则不光自己看着难受，其他人估计也少不了要笑话自己。尤其是那个史蒂芬·赵，他在自己这里吃了大亏，肯定是要报复回来的。

就在马大虎心乱如麻的时候，方老师也结束了他的介绍。这时，Y老师起身感谢了农场的热情接待和方老师的精彩演讲，然后说明了这次活动的目的。

Y老师环顾了会议室里的同学们，然后道："这次咱们过来的目的有两个，一个是参观和学习，另外一个则是帮助新绿农场解决一个非常棘手的问题。每个队都可以提出自己的方案，哪一队的方案对解决问题贡献最大，就是这次比赛的胜方！"

"什么？！"所有人都震惊了，这么先进的农场，还有什么问题是他们解决不了的吗？

烦恼无处不在

看到大家都面露疑惑，Y老师也不再多言，而是再请方研究员来说明情况。

"我们遇到的问题，简单来说就是除草！"方研究员言简意赅地说道。

查理又是用一嘴浓重的东北口音说道："除草？这个很简单吧，直接上手薅啊！"

说完同学们都笑了，方研究员也笑了，查理也立刻反应过来，不好意思地挠挠头。确实，那么大的农场，又没几个人，薅不完啊。

随着方研究员的说明，大家渐渐明白了事情的原委。

新绿农场不单是一间高科技农场，更是一间有机农场。

有机农场跟普通农场不同，这里遵循着更为严格的生产标准。在生产过程中，有机农场要求对土壤进行科学管理，让土壤更加健康，同时保持土壤的生物多样性；有机农场还要求节能环保，并通过保持生态多样性来增强农场的生态平衡和对病虫害的抵抗能力；等等。

　　然而，有机农场的第一要求则是不可使用化学合成的肥料、农药、抗生素等。"我们现在使用的肥料，都是有机肥料，农药则是生物农药，抗生素更是根本不会使用的。"方研究员总结道。

　　王小飞不解道："那咱们这次也是用生物农药来除草不就行了？"

　　方研究员："这次我们要对付的杂草，是新出现的，也可以说是一个入侵物种。现有的生物农药对这种杂草无效。"

　　王小美一向喜欢小动物，于是机灵地问道："可不可以把鸡鸭放到农田里，让它们来一个生物除草呢？"

16

方研究员摆摆手:"如果是没有播种的农田,可以这样操作。但是现在很多作物都已经出芽甚至长了一段时间,这些鸡鸭可不会区分杂草还是正经的种植物,肯定会全糟蹋了。况且,鸡鸭更适合用来除虫,而不是除草——它们其实不大吃草的。"

大家伙又提出了一些想法,但都被方研究员一一否决。

看来,这确实是一个棘手的问题啊!

眼看着时间也不早了,Y老师便提议结束这次的会议,把大家安顿下来,然后让大家分头研究。

同时，农场给每组提供了一块 100 平方米的试验田，让大家测试自己的方案。一个星期之后，来进行方案展示，效果最好的胜出。

而方研究员也表示，农场这边的网络带宽很足，也有空闲的电脑，让大家可以随时到研究中心这边上网查找资料。而且，农场里的各种工具和材料也都不缺，大家可以根据自己的想法来使用。

难产的方案

在三队比赛专用的工作间里，马大虎看到从门外闪身而进的刘星星和伍理想。

他小声问道："怎么样，顺利吗？"

伍理想特意看了看身后，轻轻地把门掩上。

刘星星摇摇头："他们两组的戒备心很重啊，见我们来就都不讨论了，二队还直接拦住我们不让进去。"

伍理想故意卖了个关子："不过……还是让我们瞧出了点门道。"

查理催促道："你就别大喘气了，赶紧的。"

伍理想见查理他们急了，也不再开玩笑："第一队的方法，估计是水培。我看到他们的桌上全都是培养箱、培养液这些。"

王小飞等人也停下手里的事情。王小飞点点头："水培可以把栽培的环境跟外界完全隔离，这样一来确实可以从源头切断杂草入侵的可能性。"

"那第二队呢？"马大虎追问道，"他们的方案是啥？"

"应该是跟无人机有关。"刘星星道。

"无人机？"查理有点疑惑，"无人机可以喷洒农药肥料，可是咱不是不让用农药么？他们怎么弄的？"

刘星星道："具体还真不好说，看不大出来。"

马大虎有点不耐烦地说道："你们两个出去半天，敢情啥也没打探出来啊！"

王小飞倒是不着急："咱们还是专注自己的方案吧。我感觉刘星星和伍理想的信息还是非常重要的。从目前他们的行动来看，至少已经确定了基本的方向，那就比咱们的进度快了不少了。"

其他人无奈地点点头，看着桌面上的那几张写满了各种想法的纸，现在基本上是毫无进度！

看到大家斗志全无，王小美再次担当起了鼓舞士气的角色："我觉得咱们现在也有不少进展！起码咱们知道了很多路是不通的。"

王小飞也说："没错，小美说得对！我觉得咱们可以再把思路梳理一下。"

听到俩人这么说，大家也重新打起精神，围坐在工作台周围。

王小飞开始分析："除草的方式无非是物理和化学方法两类。化学的方法，主要是农药，由于有机种植的要求，这条路基本不通。所以，咱们现在只剩下物理的方法了。"

"第一队的那种从源头上杜绝杂草的想法，咱们可以采用吗？"杨小鹰插嘴问道。

查理道："我觉得不太行。起码没法解决已经种植的这些作物的问题。"

20

王小飞也赞同道："而且，水培是无法完全取代土壤种植的，我刚刚查了一些资料，要解决的难点不少。"

马大虎："那剩下就是物理方法了，物理方法其实很好理解啊，要么拔掉，要么烧掉。"

王小飞点点头："传统上来说，如果是荒地，会烧荒，一来除草，二来可以增加土地肥力。如果是已经长起来的田地，传统的方式就只有一个，用手拔。"

　　查理这时候又带着点马后炮的得意："所以嘛，我不是说了让大家去动手薅吗？"

　　马大虎一下子来了精神："看来，我们带的那些工具，也不是全无用处嘛……"

　　话还没说完，就被其他人无情打断："要丢脸自己去！"

　　"醒醒吧，科技比赛，OK？"

　　……

　　马大虎看到群情激愤，也只好弱弱地道："就知道说我，你们还有什么更好的办法吗？"

　　确实，思路似乎又到了死胡同。

　　突然，查理眨眨眼睛，神秘道："也许，咱们还真可以烧啊！"

方案演示

时间过得飞快，一周的准备时间很快就到了，今天就是方案展示的时间了。是骡子是马，这会儿都要拿出来遛一遛了。

在新绿农场的试验田边，夏令营的所有同学都已经做好了准备。

而Y老师和方研究员，以及几位农场的技术专家则担任了这次比赛的评委。他们将从专业的角度来评价三支队伍的方案。

首先大家来到了第一队的试验田。然而，大家低头一看，田里面的作物全都不见了！

正在大家疑惑之际，第一队的同学展示了他们的培养装置。原来，他们把所有的作物都移植到了培养箱里。

22

然而，这些培养箱里采用的不是水培法，而是一种更加激进的方式——气培法。

所谓气培，也叫作气雾培，这种方式就是将植物所需的营养物质与水混合后，将其雾化成水雾。这样一来，植物的根系就可以通过吸收空气里的水雾获得水和养分。

这种方式有很多优点，例如节水、植物生长效率高、空间利用效率高等。对于像土豆一类的根茎类作物，气培法还可以直接收获作物，不用在收获之后再费劲地清洗去泥，可以说是优点多多。而且，气培可以直接杜绝所有杂草和病虫害，可以说是从源头上解决了问题。

农场的专家在听完方案介绍，并看了同学们制作的喷雾式气培箱以后，对这种方式给予了很高的评价。

不过，专家也指出两点不足，首先，气培法比较复杂，无论是初始投入还是运行维护，都需

23

要大量的投入，在大量种植中很难推广；其次，也是最重要的，这个方案并不能解决当前的问题。

现在农场面临的是几百上千亩土地的杂草入侵问题，气培法并不能对现在的情况做出改善。

不过，为了鼓励同学们勇于创新的精神，以及在思维方式上的独特想法，评委们还是给予了不错的分数，七分。

很快，大家来到了第二队的试验田。只见试验田里的杂草已经被除掉了一部分，剩下的杂草应该是为了展示而特意保留的。

第二队的方案也很快揭晓，只见他们操控着一架无人机腾空而起。这架无人机的下方有一个机械臂，可以将草剪断。

无人机在试验田上方的低空巡航，不时停下来将杂草剪掉。

同学们见到这一幕都发出"哇"的赞叹之声。

然而，王小飞、马大虎等人却渐渐有些迷惑。

马大虎捅了捅旁边的查理："这个无人机是自动运行的吗？我怎么看那个人一直在操控啊？"

查理道："不会吧，要是一直用人手操控，还是挺累人的！"

"总是比弯腰拔草要好很多吧！"刘星星反驳道。

王小飞观察了一会儿，肯定道："这个过程应该不是全自动的，否则就不需要人来操作了。不过，他们应该也做了不少优化，不需要直接操控剪刀的动作，否则不可能每次的动作都那么一致。"

第二队的方案介绍也印证了王小飞他们的推测。

这个无人机自动剪草装置确实实现了一定程度的自动化。操控人员只需要在屏幕上点出杂草的位置，无人机就可以自动完成修剪。

当然，目前这套装置无法实现完全不需要人来干预的全自动运行。然而，有了这种半自动方式，的确可以省去不少人工，也不失为一个不错的解决方案。

第二队的演示很快就到了尾声，评委们开始了点评。

对于这个无人机剪草的设计，评委们也给予了比较高的评价。主要原因在于，这个方案还是相当有创意的。利用无人机确实可以比让人直接除草省时省力，一定程度上也能够解决当前的问题。

但是，评委们还是指出了这个方案的缺陷。首先，剪草只能除去杂草地表的部分，并不能够实现真正的除草。剪去的杂草会在短时间内重新长出来。其次，人工标定杂草的动作依然需要人员全程参与，对工作量的减少帮助有限。

虽然不需要直接操控剪刀作业，但是长时间盯着屏幕去点还是比较耗费精力的。

所以，在综合评价后，第二队获得了75分的分数。

最佳方案

看到前两队的演示，第三队的同学们其实已经有了充分的信心，因为，他们的方案将会让大家眼前一亮。

来到第三队的试验田后，王小飞他们就操作着一个无人驾驶的履带车来到试验田的一端。这台履带车的外观看上去很粗糙，各种元器件都还是暴露在外面。但是，如果仔细观察，会发现车子的两条履带之间刚好能够通过一排作物。

"我们的方案是一台全自动激光除草机。"王小飞开始介绍他们的方案："我们采用一台自动驾驶的履带车，履带车上有摄像头、小型计算机和一台激光器。它的工作原理很简单，就是能够自动识别杂草并用激光器发射激光把杂草烧死。"

说罢，他按下启动按钮，履带车开始向前行进。

只见它一边走着一边不时发射出一束激光，地上的杂草发出一阵火光，然后就变成焦黑的模样，彻底失去了生机。

履带车行进到田地的边缘后，会自动按照规划好的线路自己转弯并开始下一轮的作业。

不一会儿，履带车就完成了除草工作，重新回到了起点。

"你们是怎么让它自动识别杂草的呢？"方研究员问道。

王小飞道："我们利用了一个开源的图形识别AI，让这个AI反复学习了杂草的各种图片。目前来说正确识别率可以达到80%。"

评委们对这一结果都感到非常的满意，纷纷给出了满分的10分。

第三队毫无争议地获得了这次比赛的胜利！

之后的几天，同学们跟方研究员一起继续完善了除草装置，不但让AI对杂草的识别率达到了95%，而且还加大了激光器的输出功率，真正让这个实验室产品变成了可以用于实际生产的生产工具。

时间过得很快，转眼就到了离开农场的时刻。

临别的时候，每个人都拿了好多农场出产的新鲜水果，方研究员邀请大家秋天的时候再来一次，品尝一下农场最新鲜的出品。

大家看着渐渐远去的农场大门，不禁浮想联翩，不知道下一次来到这里的时候，又会看到多少新的农业科技呢！

杨小鹰的农业发展简史

人类由狩猎采集转向定居，开始种植农作物和饲养家畜。

公元前10000年左右

埃及和美索不达米亚平原上，人类开始使用灌溉技术。

公元前6000年左右

中国开始驯化蚕，织造丝绸。

公元前3500年左右

2000年至今

在人工智能、物联网和机器人等技术推动下，现代农业焕发出勃勃生机。

1994年

第一种转基因食品——FLAVR SAVR转基因番茄在美国上市。

1973年

中国农业科学家袁隆平首次成功培育强杂种优势籼型杂交水稻。

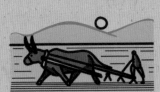

中国进入铁器时代，铁制农具和牛耕技术的使用使农业生产力大幅提高。

公元前475年左右

李冰父子建成了著名的都江堰防洪灌溉水利工程，这是中国历史上最著名的灌溉项目之一。

公元前256年左右

中国的农民开始使用轮作、连耕和粪肥技术，提升了农业产量。

公元前476年—221年

1838年

1785年

540年

英国乡绅劳斯用硫酸处理磷矿石制成了磷肥，成为世界上第一种化学肥料。

随着工业革命的兴起，蒸汽机逐渐引入农业，推动农用机械发展。

北魏农学家贾思勰编纂《齐民要术》，系统总结了中国农业技术。

32

1. 精准农业（precision agriculture）

精准农业是一种利用现代科技手段，如全球定位系统（GPS）、遥感技术、传感器和地理信息系统（GIS），来精确管理和优化农业生产的方法。通过收集和分析土壤、植被和气象等数据，精准农业帮助农民更好地了解和控制农田的状态，从而实现精确施肥、灌溉、种植和病虫害管理。这种方法不仅可以提高农作物的产量和质量，还可以减少资源浪费和环境污染。精准农业的应用有助于推动农业生产向着更智能、高效和可持续的方向发展。

2. 垂直农业（vertical farming）

垂直农业是一种利用垂直空间，在建筑内

部或城市周边进行农业生产的方式。它通常采用多层次栽培架构，将植物堆叠在一起，以最大限度地利用有限的土地资源。垂直农业利用先进的LED照明、水培系统和自动化技术，实现全年无季节限制的农业生产。它不仅可以提高城市农产品的生产率，还可以减少运输距离和碳排放，促进城市农业的可持续发展。

3. 转基因作物（genetically modified organisms，GMOs）

转基因作物是利用基因工程技术改变植物的遗传结构，使其具有特定的性状或功能。通过插入外源基因，转基因作物可以获得抗病虫、耐草甘膦、高营养价值等特性。转基因作物在全球范围内被广泛种植，主要包括转基因大豆、玉米、棉花和油菜等。尽管转基因作物在提高产量和抗逆性方面有显著效果，但也引发了一些争议，包括食品安全、生态环境和农业生产模式等方面的问题。

4. 智能农业（smart farming）

智能农业是一种利用物联网、大数据、人工智能和机器学习等技术，实现农业生产过程的自动化、智能化和高效化的方法。智能农业包括利用传感器和监控系统实时监测农田的情况，以及利用自动化机械设备实现种植、施肥、灌溉和收割等作业的自动化。通过智能农业技术，农民可以更好地管理农田，提高生产效率，降低生产成本，同时减少对化学农药和化肥的依赖，推动农业生产向着可持续的方向发展。

5. 有机农业（organic farming）

有机农业是一种以保护环境、保护健康和促进可持续发展为目标的农业生产方式。在有机农业中，农民不使用化学合成的农药、化肥和转基因技术，而是依靠自然循环和生物多样性来维持农田的健康。有机农业注重土壤养分的保持和土壤生物的活跃性，采用轮作、间作和有机肥料等方法来改善土壤质量。有机农产品通常被认为更加健康和环保，受到越来越多消费者的青睐。

 Y老师的思考题

1. 转基因作物是农业的未来吗？

查理：

当然是！转基因作物可以提高作物的产量和抗逆性，有助于解决全球的粮食安全问题。

王小美：

不一定！转基因作物可能会对生态系统造成负面影响，而且对健康有潜在风险，我们需要更多的研究和谨慎对待。

2. 有机农业是否比传统农业更健康和环保？

查理：

当然是！有机农业不使用化学农药和化肥，更健康更环保。

王小美：

未必！有机农业的产量较低，可能会增加土地使用量，而且其环保效益尚未得到充分证实。

3. 农业机械化和自动化是否会导致农民失业？

查理：

不会！农业机械化和自动化可以提高生产效

率，释放农民的劳动力，使他们有更多的时间从事其他有意义的工作。

王小美：

可能会！农业机械化和自动化会减少对人工劳动的需求，导致农民失业，尤其是那些缺乏技术和技能的农民。

4. 如何平衡农业生产和环境保护之间的关系?

查理：

通过精准农业和可持续农业实践，我们可以平衡农业生产和环境保护之间的关系，实现可持续发展。

王小美：

我们需要更多的政策支持和公众意识提升，以确保农业生产不会对环境造成负面影响。

5. 你认为未来农业的发展方向是什么？

查理：

未来农业的发展将更加依赖科技，包括基因编辑、人工智能和物联网等，以提高生产效率和食品质量。

王小美：

未来农业的发展应该更加关注生态保护和人类健康，注重可持续性和生态系统的平衡。

6. 转基因作物是否会对农业生态系统造成负面影响？

查理：

不会！转基因作物可以减少对农药和化肥的使用，降低农业对生态系统的负担。

王小美：

可能会！转基因作物可能会影响农作物的生

态适应性，对生态系统的稳定性造成负面影响。

7. 你认为农民应该更多地采用有机农业吗？

查理：

是的！有机农业可以减少对环境的污染，提高食品质量，更符合健康生活的理念。

王小美：

不一定！有机农业的产量较低，成本较高，可能会增加食品的价格，影响普通人的生活。

8. 农业科技是否能解决全球的粮食安全问题？

查理：

可以！农业科技可以提高作物的产量和质量，帮助解决全球的粮食安全问题。

王小美:

不完全可以！农业科技只是解决粮食安全问题的一部分，我们还需要解决粮食分配不均等结构性问题。

一起动手吧

1. 种植蔬菜

种植自己的蔬菜，学习现代农业中使用的耕作技术和灌溉系统。可以用文字、照片、视频等方式记录下自己的种植过程和体验吧！

2. 设计一个智能农场

设计一个自己的智能农场，包括自动灌溉系统、温室气候控制和病虫害监测等元素，可以单纯地设计方案，也可以直接动手制作哦！

3. 制作肥料

尝试自己制作肥料，学习现代农业中使用的肥料类型和制备方法。

4. 探索土壤科学

学习土壤科学，学习现代农业中使用的土壤测试和改良方法。

5. 开发垂直农业模型

学习垂直农业的概念，可以请教爸爸妈妈，或上网查找相关资料。开发自己的垂直农业模型，学习现代农业中使用的垂直农业技术和空间利用方法。

6. 调查当地农业

调查自己家乡的农业特点，了解本地农业生产方式、挑战和机遇。

7. 设计可持续发展的农场

设计自己的可持续发展的农场，包括水资源管理、废物处理和能源利用等元素。

8. 制作农产品包装

设计并制作农产品包装，学习现代农业中使用的包装材料和方法。

9. 举办农业展览

邀请小伙伴一起举办一次农业展览，展示他们所学到的现代农业知识和技能。

联系 Y 老师

同学们，上面的思考题和动手题，Y 老师都希望你可以想一想试一试，如果你有什么好的想法，或者遇到什么困难，也欢迎你随时联系 Y 老师。

我在这里等你哦：公众号"少年 AI 漫游指南"

邮箱地址：AskTeacherY@outlook.com

八

远程医疗篇

定向越野的意外

引子

如果问大家"看病"是什么意思？估计连幼儿园的小朋友都明白，看病就是生病了需要找医生治疗，而英文里也是叫"see a doctor"。所以，"看病"首先是要"看"，医生可以看到病人，才能了解病情，发现病因。春秋战国时期，中国古代伟大的医生扁鹊就提出了"望、闻、问、切"四诊法，用今天时髦的说法就是科学化管理看病的过程。

可是，如果医生无法"看"到病人怎么办呢？早在汉代时，聪明的古人就发明了一种神奇的治疗方式，就是"悬丝诊脉"。大家记得吗，《西游记》里孙悟空给朱紫国国王治病的时候，用的可就是悬丝诊脉。

到了现代，随着互联网的发展，远程医疗兴起，让看病开始有了新的方式。远程医疗可以帮助病人在距离医生较远的地方也能获得医疗服务，可以提高医疗资源的利用效率，减少患者的等候时间和交通成本。远程医疗对于中国这样人口众多、幅员辽阔的国家来说，特别具有现实意义。我们国家也在积极推动远程医疗的发展，医疗机构可以通过互联网平台提供远程问诊、远程咨询、远程诊断等服务，让病人足不出户就能了解治疗方案，也可以大大缓解医院人满为患的压力。

这次的挑战来自一次意外，顶峰、奋进、棉花糖三个学校的同学们经历了几次的合作磨合，产生了革命友情，原本想在这次定向越野大比拼时一展神威，没想到的是……

身陷险境

"大虎，你怎么样！"查理焦急地询问。

只见马大虎蜷缩着身子，豆大的汗珠止不住地从额头上冒出来。

"嘶，疼死我了……"马大虎痛苦道，"我的右腿……应该是……是……骨折了……"

刘星星想赶紧把马大虎搀扶起来，马上遭到王小飞的制止："不要动！如果是骨折，更不能乱动！"

看着马大虎的腿以肉眼可见的速度肿了起来，王小飞也不免慌乱起来。

这个肯定要及时处理，否则可能会进一步加重伤势。可是，他也只是懂得一点基本的急救原则，虽然知道要抬高受伤部位，知道要用物体固定骨折的地方，但都是书本上的知识，并没有真正操作过，很多细节完全没把握！

要是Y老师在就好了，他一定有办法的。王小飞在心里感慨。

这段时间以来，阳光博学的Y老师已经成了同学们的精神支柱，他不仅教给他们科学知识，带着他们动手实践，体验不同的世界，还总是能在遇到困难时候帮他们指明方向。只要有他在，周围的人都感到无比的安心。

不过，现在这个时候幻想没有意义。王小飞用力地甩了甩头，然后又用力地搓了搓脸，把那些奇奇怪怪的小念头赶走，努力让自己冷静下来，关键时刻要集中精神，迅速分析现在的情况。

首先是他们与大部队失去了联系。他们的手机信号时有时无，根本没法对外联系。

其次是迷路了，他们并不清楚自己到底在这座山的什么位置。

最后，也是当前最紧急的，那就是马大虎的伤。

王小飞这时认真地观察起马大虎的位置。刚才赶路的时候，马大虎一脚踩空，失足滚下了山坡。现在他所处的位置有几棵大树，让空间变得十分狭窄，根本无法展开急救。看来当务之急，就是在尽量不加重伤势的情况下，把马大虎从现在的位置转移到平坦开阔的地方。

王小飞抬头看了看周围的环境和正午毒辣的太阳，做出了第一个决定："史蒂芬·赵、查理，你们两个赶快找材料做一个简易担架，咱们想办法把马大虎拉上来！"

出发！穿越山林

时间回到一天前。

滨海科技夏令营的一行人告别现代农场后，驱车来到一座山的山脚下。这座山覆盖着稠密的森林，平日里人迹罕至，只有远处一排白色的风力发电站，如同巨人一般伫立在山脊一线，巨大的扇叶缓慢而无声地转动着。

众人在老师们的带领下来到林间的一块空地。一路上，所有人兴奋不已，跃跃欲试，因为这次夏令营的最后一项挑战——定向越野生存挑战赛也将拉开帷幕。

"这里就是定向越野生存挑战赛的起点。根据大家自由组队的结果，咱们将分为九支队伍展开竞争。大家将徒步穿越这片山林，时间一共是 48

小时。只要在规定时间内到达终点，都算是完成比赛。比赛组委会的老师们已经全面勘察过比赛场地，同时设置了 24 个检查点。"Y 老师举起手里的地图，"这些检查点都已经详细标注在这份地图上。大家可以根据自己的情况，规划线路。每个检查点有不同的分值。比赛成绩按照累计分数的高低来决定。"

确定大家都了解清楚比赛内容和要求后，Y 老师让所有人最后检查一次各自的装备。

"史蒂芬·赵，你带手机做什么？啊，还有 AR 眼镜。这里根本没有网络，带了也用不了啊！"马大虎不解道。

"这你别管，我无聊了玩玩游戏不行吗？"史蒂芬·赵回怼道，"你呢，背那么多充电宝，有啥用？"

"别闹了，赶紧检查各自装备，"王小飞道，"指南针、地图、水、食物、急救包、防虫剂、帽子、帐篷、睡袋、手电筒、工兵铲……"

王小飞拿着清单一项项地读着，几个人开始各自检查物品是否齐备。这次他们是一支跨学校的队伍，除了查理、刘星星、马大虎外，还加入了打游戏打出了战斗友谊的史蒂芬·赵。

"还有最重要的是，这个对讲机，一定不能丢，否则遇到什么危险根本没法跟老师那边联系。"王小飞提醒道。

这片森林的网络覆盖很差，所以Y老师他们特地为每个队伍准备了一台大功率的对讲机。这台对讲机还有GPS功能，可以在紧急情况下将自己的定位信息发出去。有了这个对讲机，就完全不用担心孩子们失联了。

不过，为了公平起见，在比赛期间如非必要不允许使用对讲机来进行沟通。

Y老师又一次跟所有队伍确认了物品情况，又叮嘱了许多注意事项，这才让他们准备出发。

出发的顺序是根据抽签决定的，每一队间隔
10 分钟。

这时候，Y 老师的对讲机传来呼叫，原来是华
山老师。

"华山老师放心，情况一切正常……是，保证
把孩子们安全带回家！"

虽说做了十足的准备，但看着一支支小队消
失在树林中，Y 老师的心中也不免有了一些担心。

51

夜宿山林

"这是第 7 个检查点了，休息一下吧！"史蒂芬·赵一屁股坐在地上，也顾不上耍帅拗造型了，平时嚣张的气焰荡然无存。

"这么一会儿就不行了？！"马大虎调侃道。

看了看手表，王小飞平静道："原地休整一下，喝点水，补充点能量。这次比赛有两天呢，要合理分配体力。"小飞虽然平时话不多，但一向冷静缜密，关键时刻特别靠谱，自然成了大家的主心骨。

说罢，他招呼大家休息，同时自己也拿出地图，研究后面的路线。

查理凑了过来，指着一个位置道："咱们现在在这里，下一个检查点可以选择这里，这里，还有这里。"一边说着，一边指向另外的几个标记点。

"嗯，我也在想，咱们应该采取什么策略。"王小飞扶了扶眼镜，"正常来说，咱们应该设定一条最有效的路径，用最短的路程来经过最多的检查点，但是这样一来所有队伍的分数肯定拉不开。"

"哦，那你有什么想法？"马大虎也凑了过来。

"我觉得这里有点意思，"王小飞指向地图边缘的一个位置，"这里有三个检查点，而且分数都很高，一个相当于中间这部分的两个。所以，我想……"

"那还想什么啊，直接干就完了！"查理道。

"但是，这几个检查点的位置在山脊的左侧，不好走。"王小飞摘下眼镜揉了揉眉心，"而且，为了到达终点，咱们还必须选择一条路径回到这边，所以……这几分也没那么好拿啊！"

"没问题，要相信咱们这一队的实力！"查理胸有成竹道。

其他几个人也纷纷附和，毕竟他们的目标可是冠军啊。

稍做休息后，几个人起身出发。

那几个检查点的路程在地图上看着不远，可实际走起来却比较吃力。翻过山脊后，他们连续走了一个多小时，依然没有到达检查点。此时已经接近黄昏，看着天色渐暗，几个人决定找一个合适的地方先扎营休息，明天再一鼓作气拿下这几个检查点。

这一片树林的野生动物不算多，也没有大型猛兽。几个人找了一块相对地势较高、干燥空旷的平地，开始建立露营的营地。

将地面上的杂物稍做清理，把帐篷搭好，又沿着帐篷的周围挖出排水沟，一个简易的露营营地就建设好了。这一次他们带了两顶帐篷，完全够五个人用了。

吃过简单的晚饭，大家聊了一会儿天，就打

算休息了。走了一天，所有人都累坏了。即便如此，王小飞还是安排了轮流守夜，而他把自己安排在了第一班。

守夜是很无聊的。王小飞给自己又喷了一遍驱虫剂，防止自己成为蚊子们的美餐。然后就只能对着黑乎乎的夜空发呆了。都说野外的星星特别明亮，但是王小飞抬头看去，却看不到几颗星星。这让热爱天文的他感到很扫兴。

突然，王小飞的头顶不知道被什么东西砸了一下，伸手一摸，有点湿。正当他疑惑之际，突然周围"哗啦啦"的响声大作，一场暴雨就这样毫无征兆地来了。

王小飞一个激灵站了起来，迅速从自己的背囊里拿出雨衣套在身上，然后打开手电筒，开始检查周围的情况。

尽管雨声大作，但是其余四人都睡得很死，没有一个人醒来。

56

　　王小飞也不想打扰他们，他拿出工兵铲，将排水沟不通畅的地方又疏通了一下，确保排水沟能正常工作，帐篷也没有漏水之后，王小飞正想找出对讲机跟总部联系一下，通报一下情况。

　　谁知道这场暴雨来得猛，去得也快，就在王小飞翻找的时候，雨势渐渐停了。

　　看看周围湿漉漉的环境，在室外继续待着似乎也不是什么太好的选择。王小飞决定回到帐篷里守夜，他拿出手机调了一个闹钟，就挤进了查理和马大虎的那个帐篷里。

"闹钟响了，我就跟他们换班。"这样想着，王小飞却沉沉睡去。

突逢变故

"队长，起床啦！"马大虎把王小飞摇醒，"我说，昨晚你怎么没叫我起来值夜啊！"

王小飞一下子惊醒，探头出去看到已经大亮的天色，这才发现自己居然睡过去了。

这时，已经走出帐篷的查理大声道："昨晚下雨啦？我都不知道！"

"肯定是太累了，下雨都没吵醒咱们！"说话的是刘星星。

走出帐篷，大家伙儿猛吸了好几口新鲜空气，雨后的空气散发着淡淡清香，特别好闻。

突然，史蒂芬·赵指着不远处树旁的一个背囊道："谁的背囊放在那边！还是敞开的！"

马大虎不好意思道："啊，是我的，是我的……"说罢赶紧跑过去检查。

"谁知道昨晚会下雨啊……不过这荒郊野外的，也不用担心丢东西对吧，"马大虎自我安慰道，"没事儿，我的充电宝和手机都拿到帐篷里了……"

听着马大虎说话，王小飞突然想到了什么，他赶忙冲过去，在马大虎的背囊里翻找起来。

"你找什么啊？"马大虎不解。

"对讲机！"王小飞手上不停，继续翻找。

很快，他就在背囊的底层找到了那个对讲机。然而，得益于背囊优秀的防水性能，积水已经把这台对讲机浸泡了一夜。

王小飞还记得这台对讲机是 Y 老师要求他们必须时刻保持开机的。那就是说，昨晚这台对讲机是开机的状态下浸泡在水里。

几人围过来，看到这个情形，不禁心里一紧，这下子完蛋了，对讲机肯定没法用了。

一番讨论后，大家觉得当前的情况，还是尽快折返回原来的路上比较好，毕竟安全第一。至于比赛成绩，也只能暂时不去考虑了。

几人收拾好帐篷和其他物品，背起背囊开始折返。

马大虎心里非常懊恼，如果不是自己没有把

背囊收到帐篷里，就不会有现在的麻烦了。

他的心里非常烦躁，没留意路上横着的一条树根，结果一下子被绊倒，滑下了旁边的山坡。

"大虎！"其他四人看到都吓了一大跳。

王小飞心里咯噔一下，赶紧跑过去查看情况："千万不要再出什么意外了！"他很清楚，在与总部失联的情况下，任何意外都是他们难以承受的。

"陆校长，昨晚有一场短时暴雨，范围很小……目前只有王小飞他们那一队还没有联系上……其他队伍一切正常……好的，我知道了。"Y老师放下电话，心急如焚。突然，一个电话打了进来，是马大虎的手机号码。

Y老师马上按下接听键，但是对面只有沙沙的电流声，然后就断线了。Y老师马上拨过去，却被告知该号码不在服务区。

这个电话让Y老师悬着的心稍稍放下，他猜应该是几人对讲机出了问题。但是，也不能掉以轻心，他现在要做的第一件事情，就是马上与消防等部门联系，安排进山搜救。

放大微弱的信号

经过一番努力，四人用一个由树枝制作的简易担架把马大虎从狭窄的沟壑里抬了出来。所幸整个过程没有出现什么意外。

王小飞观察了一下周围的情况，决定返回之前的营地。因为那个位置足够平坦开阔，适合开展急救。

"喂，喂！Y老师，听到吗？"查理呼叫了一会儿，放下手机，对周围的人摇了摇头："信号太弱了，时有时无。刚才那次应该是碰巧……"

史蒂芬·赵蹲在马大虎身边，有点懊恼道："要是有网络就好了，我带的 AR 眼镜肯定可以帮大虎的腿复位。"

"就算用不了 AR 眼镜，有手机信号也行啊，这样咱们就能跟 Y 老师他们联系，让他们尽快过来接咱们了！"刘星星道。

王小飞摇摇头："我们还是要尽快给大虎做紧急处理，这里是山里，又是密林，搜救队进来恐怕需要不少时间。"

查理想了想道："手机信号交给我吧，我会尽快让咱们跟 Y 老师他们联系上的。"

说罢，他叫上史蒂芬·赵，拿着手机跑了出去。

"这里都没有信号，怎么联系啊？"史蒂芬·赵有点不解。

查理一边拿出纸笔写写画画，一边解释道："既然能够拨通一次，就是说信号是有的，只是比较弱而已。我们现在要做的是做一个增益天线，把信号放大！"

很快，查理停下笔，只见本子上画着一个好像卫星天线一样的大锅，手机则被固定在锅的前方，下面还有一个长长的支架。史蒂芬·赵果然见多识广，立刻明白了查理的意思，马上动手一起帮忙。

很快，一个用树枝为骨架，金属反射薄膜覆盖的抛物面天线就被制作了出来。查理拿出无线耳机戴好，然后把手机固定好，接着把这个天线牢牢地固定在一个三米多长的树枝上。

随即，查理拨通电话，然后把树枝高高举起，接着缓慢地旋转寻找合适的角度。

突然，一阵拨号音传进查理的耳朵里，电话随即被接通。

"是查理吗？你们在什么位置？现在是否安全？"耳机里传来 Y 老师急切的声音。

查理立刻把情况跟 Y 老师简单地报告了一遍，当听到马大虎的右腿骨折的时候，Y 老师心里"咯噔"一下。

根据查理的描述，目前几人所在的位置只能确定一个大致的范围，搜救队即便马上出发，起码还要三四个小时才能赶到。

这时，史蒂芬·赵抢过耳机对Y老师道："Y老师，我手上有一个AR眼镜，如果能够接入市中心医院的远程医疗中心，我们应该可以在医生的指导下帮马大虎进行急救的。"

Y老师沉吟了一下，回答道："好的，我马上联系市中心医院，5分钟后联系。"

远程急救

几分钟后，一个电话拨了进来，是市中心医

院远程医疗中心的一名急救医生。在他的指导下，史蒂芬·赵很快就把 AR 眼镜调试并连接到了远程医疗中心。

虽然图像有时候不太稳定，但是，医生还是很快确定了马大虎的伤势并开始指导史蒂芬·赵进行操作。

只见史蒂芬·赵的眼前，出现了一些指示的信号，指引他观察特定的部分。远程医疗中心的医生通过史蒂芬·赵的 AR 眼镜也看到了马大虎的伤势。

同时，医生也跟史蒂芬·赵一直保持着沟通，随时指导他的操作。

医生首先让史蒂芬·赵询问马大虎的感觉。

"你知道自己在哪里吗？"史蒂芬·赵问道。

马大虎没好气道："当然知道啊，我又不傻，我们在山林里。"

史蒂芬·赵赶紧解释道："不是我问你，是远程医疗中心的医生让我问的。"

马大虎吐吐舌头，赶紧说对不起。

接着，医生又通过史蒂芬·赵问了几个问题，并按压了几个位置。确定马大虎的头部、脊柱等关键位置没有其他损伤，这才开始关注腿部的骨折。

经过前面的问诊，医生判断马大虎的骨折并不是很严重，之前他们的处理也非常好，没有使伤情恶化，让史蒂芬·赵他们不必太担心。

考虑到现场的情况和马大虎的伤势，医生还是放弃了直接指导史蒂芬·赵对骨折处进行复位的选项，转而指导他利用急救包里的夹板和绷带为马大虎的骨折部位进行固定。

在史蒂芬·赵的眼前，每一个动作都会有虚拟的手势和箭头来加以指示。从夹板的摆放，到绷带的每一次缠绕，都有明确的画面来做出示范。

如果史蒂芬·赵实际的动作不到位，眼镜的画面还会即时做出警示，并提示他进行正确的操作。

不一会儿，史蒂芬·赵就在 AR 眼镜和医生的指导下，为马大虎伤腿上的绷带打上最后一个结。

眼镜里显示一行字："操作完成！"下面还有一个百分比，显示完成度为 100%。

医生最后询问了几个问题后，这次远程医疗辅助就告一段落了。

史蒂芬·赵疲惫地摘下 AR 眼镜，一屁股坐在地上，双手止不住地颤抖着。

王小飞和刘星星走上前去拍了拍史蒂芬·赵："干得漂亮！"史蒂芬·赵有点不好意思地笑了一下。跟棉花糖学校这群小伙伴混久了，史蒂芬·赵慢慢放下了那层骄傲的外壳，经常露出点傻气的样子，小伙伴们都更喜欢他了。

再看看在担架上的马大虎，居然睡着了。几人交换了一下眼神，不禁莞尔，还真是很有马大虎的风范啊。

这时，他们的身后传来一声凄厉的声音："谁来换我一下啊！"三人回头一看，只见查理还在苦苦支撑着那根三米多长的增益天线，索索发抖，看样子是累得不轻。

王小飞和刘星星赶紧过去接过那根天线，让查理休息一下。

这时，查理的耳机里又传来 Y 老师的声音：

"你们在原地等待救援，预计三个小时后搜救队会到达。从现在开始，每隔 15 分钟联系一次。"

查理有气无力地回了一句："收到！"

四人看着彼此狼狈的样子，不禁哈哈大笑起来。

终于回到大部队

Y 老师正在临时搭起的指挥部里坐立不安，心里一直在牵挂着几个学生。

虽然搜救队已经接到了几人，正在返程的路上，理智告诉他不会有什么问题了，但是，一刻没有看到真人，他一刻都难以真正安心。

"Y 老师，马大虎他们什么时候到啊？"王小美问道,她和杨小鹰已经来了好几次了。至于顶峰学校和奋进学校的那些同学们,也几乎是 5 分钟一拨地不间断轰炸。

Y 老师答道:"很快,刚才搜救队说距离我们还有步行 20 分钟的路程。"

突然,外面传来一阵骚动,是马大虎他们到了。这群遇险的小伙伴,虽然放弃了比赛,却得到了大家迎接冠军般的欢呼。

两天后,经过休整的夏令营一行人终于回到了阔别三个星期的滨海市,他们在棉花糖学校的礼堂举行了夏令营的结营仪式。

结营仪式上,首先颁发了定向越野生存挑战赛的奖项。王小飞他们这一队由于没有完成比赛,成为唯一一支没有成绩的队伍。

但是,主办方还是给予了他们很高的评价:"在这次夏令营的定向越野生存挑战赛中,我们见证了许多队伍的卓越表现和非凡勇气。特别是王小飞他们的队伍，尽管最终没有完成比赛，但他们展现出的团队精神、坚韧不拔和临危不惧，在面对困难时的相互扶持，令人深受感动和敬佩。"

"在比赛过程中，他们遇到了前所未有的挑战。面对队友马大虎不幸受伤的紧急情况，整个队伍没有选择放弃，而是团结一心，共同应对困难。查理同学制作增益天线，让队伍能够在信号微弱的野外与总部取得联系，史蒂芬·赵同学利用 AR 眼镜，在远程医疗中心的辅助下成功开展了急救，他们的智慧和决心在这一刻得到了充分的体现。"

"他们虽没有完成比赛，但他们的行为体现了一种超越比赛本身的胜利。他们证明了，在面对不可预见的自然挑战和困难时，团队的力量、互相帮助和牺牲精神才是最宝贵的财富。"

马大虎坐在轮椅上，骄傲地傻笑着，翘着那

个已经重新打上石膏的断腿，石膏上写满了各种祝福语。

"如果没有我，你们怎么能得到这么高的赞赏呢？对吧，我还真是舍己为人啊……"马大虎对查理和刘星星感慨道。

"你就省省吧，要不是你把背囊落在外面，哪有这么多事儿啊……"查理不屑道。

"别那么小气嘛……陆校长不是经常说，生活就是一种经历嘛……哈哈。"马大虎自娱自乐地哈哈大笑，小伙伴们嫌弃地走开了……

"唉，我说，你们别不管我啊……"马大虎哀号着。

杨小鹰的远程医疗发展简史

荷兰生理学家威廉·埃因霍芬首次通过电信号将心电信号从医院传送至1.5千米外的实验室。

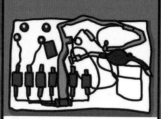

美国航天局为航天员配备传感器,将生命状态信号传回地球进行实时监控。

美国麻省总医院建立了远程医疗计划,医生使用双向微波音频为机场的病人提供医疗服务。

| 1905年 | 1959年 | 1960年代 | 1966年 | 1967年 | 1969年 |

加拿大蒙特利尔实现通过电视摄像远程查看X光片,开创了远程医疗雏形。

美国航天局发射了ATS-1卫星用于远程医疗,这是首个用于远程医疗的卫星。

美国俄克拉何马城荣劳医院开始使用远距离心电监护。

美国未来学家阿尔文·托夫勒预言未来医生可通过远程信息诊断治疗。

美国提出远程医疗系统概念；中国首次进行卫星远程医疗会诊。

智能手机和平板电脑的普及推动了移动健康和可穿戴设备发展，智能手表等成为远程医疗的重要工具。

| 1980年 | 1986年 | 1988年 | 1990年代 | 2000年初 | 2020年代 |

美国首创商业远程医疗系统；中国在广州进行远洋船员急症跨海会诊。

远程医疗开始迅速发展，美国远程医疗协会成立；中国卫生部文件中首次出现了"远程医疗"。

公共卫生需求的提升推动了远程医疗的发展，AI大模型的进步催生了AI私人医生。

王小飞的学习笔记

1. 电子健康记录（electronic health record,EHR）

电子健康记录是一种电子系统，用于存储患者的医疗信息和治疗历史。与传统的纸质医疗记录相比，EHR 使得医疗信息的存储、检索和共享更加高效和安全。医生和授权的医疗专业人员可以迅速访问患者的健康记录，无论他们身处何地，从而提高医疗服务的质量和响应速度。

2. 电子处方（e-prescribing）

电子处方是指医生使用数字化工具直接向药房发送处方的过程。这种方式不仅减少了错误的可能性，提高了处方的准确性，还加快了药物分发的流程，使患者能够更快获得所需药物。

3. 远程监测（remote monitoring）

远程监测技术允许医疗专业人员远程跟踪患者的健康状况，尤其适用于慢性疾病患者的长期管理。通过佩戴传感器或使用移动健康应用收集的数据，医生可以实时监控患者的生理参数（如心率、血压、血糖水平等），并根据需要调整治疗计划。

4. 虚拟咨询（teleconsultation）

虚拟咨询是指医生和患者通过视频通话、即时消息或其他电子通信工具进行远程医疗咨询的过程。这种方式为患者提供了更方便的获取医疗服务的途径，特别是对于居住在偏远地区或有行动障碍的人来说。

5. 移动健康应用（mobile health apps）

移动健康应用是指安装在智能手机或平板电脑上的应用程序，旨在提供健康相关的信息、服务和支持。这些应用程序的功能范围广泛，从健康监测、疾病预防、健康管理到提供实时的医疗咨询等。

6. 人工智能与机器学习（AI & machine learning）

在远程医疗和移动健康领域，人工智能和机器学习技术正被用于分析大量的健康数据，以识别疾病模式、优化治疗方案和提高诊断的准确性。这些技术的应用使得个性化医疗和预测性医疗成为可能。

Y老师的思考题

1. 远程医疗是否能提供与"面对面"医疗同样质量的医疗服务？

79

查理：

当然可以！通过使用最新的技术，远程医疗可以提供非常详细和个性化的医疗服务。

王小美：

不可能。面对面的医疗服务可以让医生更直观地了解病人的情况，某些细微的信号通过远程医疗可能会被忽略。

2. 远程医疗能否帮助减少医疗资源的不平等？

查理：

能，它让居住在偏远地区的人也能享受到优质医疗资源，减少了地理位置的限制。

王小美：

不能完全解决问题。因为远程医疗需要依赖互联网和其他技术，而这些在某些地区可能还不够普及。

3. 远程医疗技术是否可能导致病人隐私泄露？

查理：

技术总是有风险的，但通过合理的安全措施和加密技术，可以最小化隐私泄露的风险。

王小美：

有这个可能。互联网上的信息交换增加了数

据被非法访问的风险。

4. 远程医疗技术的发展是否会减少病人与医生之间的人际互动？

查理：

不会，远程医疗其实可以增加病人与医生的互动频率，因为它让联系变得更加容易。

王小美：

会。虽然交流变得更频繁，但缺乏面对面的接触，可能会影响医生对病人情绪和非言语信号的理解。

5. 远程医疗是否会导致过度依赖医疗服务？

查理：

不会，它只是提供了另一种选择，让医疗服

务更加方便。

王小美:

有这个风险。容易获取的医疗服务可能会让人们过于频繁地寻求帮助，即使是对小问题。

一起动手吧

1. 虚拟医生访问模拟

与小伙伴一起玩个游戏，模拟一次虚拟医生访问，一个扮演医生，另一个扮演病人，通过视频通话讨论简单的健康问题。

2. 远程医疗设备研究

研究现有的远程医疗设备（如心率监测器、健康追踪手环），并向班级介绍其功能和使用方法。

3. 设计一个远程医疗 APP

孩子们设计自己的远程医疗 APP 原型，包括功能、界面设计和用户体验。

4. 制作健康信息小册子

制作一个关于如何通过远程医疗管理特定健康问题（如哮喘、糖尿病）的信息小册子。

5. 创建健康数据图表

跟踪记录一周内的某项健康数据（如步数、睡眠时间）并制作图表。

6. 远程医疗技术展览会

参观一个医疗技术的相关展览，了解医疗技术的最新发展和创新。

83

联系 Y 老师

　　同学们，上面的思考题和动手题，Y 老师都希望你可以想一想试一试，如果你有什么好的想法，或者遇到什么困难，也欢迎你随时联系 Y 老师。

　　我在这里等你哦：公众号"少年 AI 漫游指南"

　　邮箱地址：AskTeacherY@outlook.com

森林公园寻宝记

引子

过去 10 年里，无人机领域发展迅速。无人机可以拍摄到惊艳的视觉画面，让大家可以俯瞰城市或是山川河流不一样的风景，可以帮助农民伯伯喷洒农药、看管植物或牲畜，还可以穿行在城市中进行快递配送，在边境上巡逻，在危险环境中协助救援。

中国在无人机领域处于世界领先地位，拥有多家世界知名的无人机制造商，如大疆、亿航、易瓦特等等。在最近的"低空经济"热词中，无人机是其中重要的参与者。随着人工智能、机器人和传感器等技术领域的突破，无人机技术正在改变着人们的生活方式，为各行各业带来新的可能性。

对于爱好高科技的学生们来说，无人机是很多人都很喜欢的玩具，也时不时比试一下。这次滨海科技大赛的主题恰好就是无人机，当玩具成了比赛的主题，最后究竟鹿死谁手呢？

查理的新玩具

马大虎一个人坐在空荡荡的教室里，他的石膏已经拆了，但还是不能随意行动。外面传来陆言校长的讲话，他知道开学典礼正在进行。

"真无聊啊！"马大虎趴在桌子上无趣地用手指头画圈圈。

虽然马大虎不喜欢开学典礼这种大型活动，但是比起一个人在教室里发呆发霉，他宁可站在大太阳底下听校长讲话，起码还可以偷偷地跟小伙伴们对个眼神说个小话。

突然，耳边传来一阵嗡嗡声。他循声望去，只见一个个头不大的物体，正摇摇晃晃地从窗户外升起。

"怎么有无人机啊？！"马大虎很意外。他家

里也有一台无人机，但是因为他行动不便，一直
没有机会到户外去试飞呢。

无人机在窗户外面盘旋着，似乎要进来，但
是教室窗户都紧闭着，它进不来。

马大虎赶紧单脚站起来，把离自己最近的那
扇窗户打开。无人机立刻收到信号，果然晃晃悠
悠地从窗户飞了进来，中间还差点碰到窗框。接
着，无人机在课室里悬停转动了一圈，似乎在寻
找目标，然后才跌跌撞撞地降落到了马大虎前方
的桌面上。

这时他才注意到，无人机身上有一张纸条，上面写着：无聊吗？跟我说话吧！

"这是谁啊？"马大虎拿起纸条翻来覆去地看了看，毫无线索，上面没有署名。

反正很无聊，要不，就跟它聊聊天吧。马大虎这么想着，就趴在桌面上对无人机说："hi，你好！我叫马大虎，你是谁啊？怎么跑到这里来了？是不是迷路了？"

无人机没有回应，马大虎还在疑惑的时候，突然听到一阵压低了声音的笑声，然后是几个人的对话："我说他一定猜不到是咱们吧！"

"怎么回事？他平时没那么笨啊！"

"就是，他是腿断了，脑子也坏了？"

马大虎一下子就听出了声音，不禁怒道："查理、刘星星！还有你，王小美！你们太无聊了！"

"是王小飞的主意……"刘星星的声音传来。

马大虎刚要发作，突然听到一个熟悉的声音：

89

"专心点，不要交头接耳！"

是华山老师！

紧接着就是一阵慌乱的物体碰撞的声音，似乎是把什么东西塞到书包里的感觉。

过了一会儿，听到查理压低嗓门，着急地说道："赶紧把无人机藏起来，有人去你那边啦！"

马大虎应了一声，连忙拿起无人机，放到了桌肚里。

他一边放，一边吐槽："查理这技术也太菜了，回头我得好好展示一下，什么叫作技术！"

当天下午，在科学活动室，马大虎摆弄着查理的无人机，感慨道："你们怎么这么不小心啊……"

"别提了，都怪刘星星，那么大声。"查理抱怨道，然后一拍大腿，"我知道了，我只要用另一台无人机，趁没人的时候偷偷进入华山老师的办公室，然后把那台无人机给拿回来，不就行了！"

"这，这怕是不行吧……"刘星星道。

"没问题，以我的技术，肯定行……"

"你就吹吧，进个窗户就把你给难为的……"马大虎毫不留情地回怼。

"那是因为有棵大树挡住视线了，换个角度，我'嗖'一下就进去了！"查理不服气。

刘星星弱弱地说道："我的意思是……华老师可能会把它锁进柜子里……"

查理瞬间哑火。

这时，Y老师推门而入，把一个酷似游戏手柄的东西放在了桌面："你的控制器。"

查理兴奋地跳了起来："Y老师'永远的神'！太感谢啦！"说罢，他就打算开机展示自己的飞行技术。

Y老师赶紧阻止了他："今天叫你们来，有一件重要的事情要宣布。其实，能帮你拿回这个控制器，也多亏了这件事情呢……你都不知道当时华主任的表情……"

查理几个人吐了吐舌头，也知道今天闯了祸，赶紧安静下来听 Y 老师说这个重要的事情。

原来，新学期刚开学，滨海市又要开始科技大赛了！这次的主题正是无人机。比赛的方式也很有趣，居然是无人机寻宝。

也正是因为这个比赛，Y 老师才能以备战这次比赛为由，跟华山老师求情，拿回了这个控制器。

Y 老师道："我可是跟华主任拍了胸脯的，你们要是拿不到好名次，我的信用恐怕要'破产'喽。"

"寻宝？"王小飞推了推眼镜，"是不是跟定向越野差不多？"

Y 老师想了想，确实有点像："有点类似。这次需要操控无人机在指定区域寻找隐藏目标，拍照并传回来就可以了。不过拍出来的照片要符合要求，需要能够清晰辨认目标才能得分。"

"看来这次必须我出马了，"马大虎看了一眼查理，叹气道，"寻宝、拍照，都需要高超的操控技术啊。"说着话，马大虎还不忘拍了拍旁边查理的后背。

查理哪里肯认输，表示必须来一次无人机决斗，分个高下！

王小飞瞥了一眼这闹腾二人组，打算不再管他们两个。

他来到 Y 老师身边，问道："Y 老师，我们现在对无人机的了解还是太少了，有没有什么展览可以参观呢？比如无人机博览会之类的。"

Y 老师想了想："无人机博览会……这个没有，不过明珠市的航空展倒是快开幕了。我估计肯定有无人机的展示，咱们就去看这个吧！"

听到可以去看航展，大家又欢呼了起来。就连马大虎和查理，也忘记他们的决斗，讨论起航展来。

精彩的航展

时间很快来到周末，Y老师带着一行人乘坐高铁来到明珠市的中国国际航空航天博览会。这个博览会是我国规模最大、规格最高的专业航空航天展览会，也是世界五大最具影响力的航展之一。

走出机场地铁站，远远就能看到高高耸立的"长征五号"运载火箭。天空中不时传来飞机飞过带来的巨大轰鸣声。

这次航展邀请了世界顶级的航空特技飞行队，并且咱们国家的八一特技飞行队也会带来精彩的表演。

为了能观看下午的飞行特技表演，一行人忍住了好奇心，直接前往无人机的展区。毕竟这次他们的主要目的，还是要多了解无人机。

无人机展区比起航天展区、军用飞机展区和

民用飞机展区，占地面积要小很多。但是，这里的观众却丝毫不比其他展区少。

近几年，无人机技术的更新迭代速度很快，同学们中像查理、大虎这样人手一台无人机也不占少数，但是，来到这里，大家才发现原来无人机是个难以想象的庞大家族。

他们首先来到的是大型无人机的展区，这里停放的大部分都是固定翼的大型无人机，其中很大一部分还是可以作为军事用途的无人机。

"快看，那个是不是'翼龙'啊，太帅啦！"查理一进来就发现了这个无人机中的大家伙——身长9米、重达1.1吨、最大航程超过4000公里的"翼龙"无人机。

"那是，这可是'空中死神'啊，能不帅嘛！"马大虎激动地围着"翼龙"转了好几圈。

一说到武器啊、战争啊，男孩子就止不住地兴奋起来。几个男孩子围着"翼龙"叽叽喳喳地讨论了起来。

"'翼龙'可不仅仅是死神，它还是福星呢！"

大伙转头看去，原来是这里的解说小姐姐。

"为什么是福星呢？"王小美不解道。

"'翼龙'是一个平台，通过挂载不同的设备，它可以做很多不同的事情……"解说小姐姐解释道。

原来，"翼龙"的变身能力很强。比如，它可以挂载通信平台，变身移动的通信基站，在空中建立应急通信网络。不仅如此，"翼龙"还能在空中将灾情画面实时传递到指挥中心，协助救灾工作的开展。有的"翼龙"经过改装后还能与台风共舞，近距离观测台风的动态，获得更精确的台风数据，帮助预判台风的路径和强度。

"……加装了增雨装置的'翼龙'，还能为干旱地区带来雨水。发生山林火灾时，'翼龙'还可以通过增雨来扑灭山火。"小姐姐道，"'翼龙'有这么多能力，是不是可以叫作福星呢？"

大家听到这里，纷纷点头，对"翼龙"和无人机又有了新的认识。

离开了"翼龙"的展台，大家又来到了小型无人机的展区。跟大型无人机普遍采用固定翼不同，小型无人机大部分都采用了旋翼设计。

之所以这样，是因为旋翼可以实现垂直起降和空中悬停，操控性和灵活性都更高，能够适应更多应用场景。

这里的无人机应用可以说是五花八门，有专门为航拍设计的具备高清摄像能力和姿态稳定能力的无人机；有具备高负载能力，可以轻易运送上百公斤货物的快递无人机；还有具备高度协同能力，在空中展现灯光秀的蜂群无人机……可以说是只有想不到，没有做不到。

"现在无人机的使用范围非常广泛，城市管理、农业、气象、电力、抢险救灾、视频拍摄，甚至战争中都有无人机的身影。而未来随着无人机技术的发展，用无人机的地方会越来越多。"Y老师为大家总结道。

参观完无人机展区，一行人又观看了精彩的飞行特技表演，这才拖着一身疲惫返回了滨海市。

艰难的取舍

"这次咱们是寻宝，所以关键是拍摄能力！高清摄像机，这个肯定不能少。"查理言之凿凿。

"载重能力就这么多，电池就这么大，要是用高清摄像机，那么大的镜头，航程肯定不够，而且机身尺寸也小不了。"马大虎道。

"速度不能太慢了，这次寻宝的范围很大，速度太慢可不行。"刘星星补充道。

"不能什么都要，必须有取舍！"王小飞道。

"我也知道取舍，问题是舍什么呢？速度？航程？摄像能力？还是灵活性？"马大虎反问道，"好像哪个都不能舍弃吧！"

"要不，咱们加个太阳能板吧，一边飞一边充电？"刘星星试探地说道。

王小飞摇摇头："且不说太阳能板补充能量的效率怎么样，能不能抵消自重带来的能量损耗，碰上阴天怎么办，钻进树林里也没多少阳光，意义不大。"

"那怎么办？增大电池容量？"

"不行，电池本身也有重量，太大了会影响飞行的速度和灵活性……"

"那就飞慢点喽……"

"这是比赛啊，大哥，慢了怎么赢啊！"

……

看着争论不休的众人，Y老师起身道："这次的比赛，是要参赛队伍用无人机去拍摄分布在不同位置的目标物。所以，咱们需要的无非就是航时、灵活性、负载能力、飞行速度和摄影能力，而所有的能力都建立在电池容量的基础上。"

Y老师起身在黑板上画了一个简单的表格："每一项能力的每一个选择都会带来收益，也会带来成本。你们可以列一张表，把每一个选择的收益和成本列出来，这样就能一目了然了。"

有了分析的思路和方向，第一版的方案很快就确定了下来。

然而事情并非一帆风顺，在测试的时候，他

们发现了更多问题。

"这都第 8 次了，马大虎你行不行啊……"看着无人机再次撞到障碍物，查理着急道。

"你行你上，这么窄的位置，空间这么小，肯定容易撞啊！"马大虎不服气道。

"这样不行，比赛的时候如果撞坏了可就没机会补救了。"刘星星担心地说道。

王小飞的脸上依然看不出一丝着急的样子："要么就放弃这一类的目标，如果不想放弃，恐怕只能放弃人工操作了……"

"放弃人工操作？"

"这怎么行！"

马大虎和查理都急了。

"你们先别急，"王小飞推了推眼镜，"咱们还可以找一个强力的帮手来帮咱们操作啊！"

"帮手？谁啊？"马大虎和查理面面相觑。

"你们很快就知道了！"王小飞自信道。

比赛开始！

一个月的时间很快过去了，滨海市无人机寻宝大赛也即将开赛。

这次比赛的场地设置很特别，出发地和寻宝的场地并不在一起。

比赛的出发地选择在了滨海市国际会展中心，所有无人机将从会展中心的广场起飞，前往位于3公里之外的森林公园。完成拍摄任务后，无人机还必须返回出发地，才能计算成绩。

森林公园占地900多公顷，植被茂密。组委会划出一块长约2公里、宽约1.5公里的区域作为寻宝的场地。在这个区域内放置和隐藏了大约60个"宝藏"。参赛无人机需要清楚地拍摄到宝藏上的二维码标识，才能得分。

要成为胜利者，参赛队员就需要拍摄到最多的宝藏图片并且安全返航。

在起飞点，史蒂芬·赵寻找着棉花糖众人的身影。这时，尤大志走了过来，指了指一个方向："不用找了，他们在那边。"

史蒂芬·赵看过去，正是马大虎和查理，他们正在调试一架中等个头的四旋翼无人机。

"个头那么小，看上去战斗力不行啊！"史蒂芬·赵居高临下的发言惹得尤大志很不高兴："个头小就不厉害吗？知不知道恐龙灭绝的时候留下来的都是小型动物？"

这段时间以来，史蒂芬·赵经常跟棉花糖学校和奋进学校小伙伴一块，已经把大家当朋友了。就是那种傲娇的性格还时不时跑出来作怪一下。要是过去他肯定嘴上不饶人，立刻跟尤大志辩论起来，但这次听出大志有点不高兴，他没立刻回嘴，而是看了一眼尤大志，又看看奋进学校所在

103

的位置，立刻就明白为什么尤大志不高兴了。

原来，奋进学校选择了蜂群无人机的策略。这次的无人机比赛只是规定了参赛无人机的最大重量，但并没有限制无人机的数量。

蜂群无人机可以同时执行多个拍摄任务，打组合战，确实是一个不错的策略。

不过，任何选择都有代价，个体太小就意味着电池不大，动力不足啊……

史蒂芬·赵心中评估着，脸上却没有太多表情，只是点点头："确实，小有小的优势。"

尤大志看了一眼史蒂芬·赵身边的那台全场最大的无人机。这台无人机的重量正好卡在组委会要求的重量上限，足足有 5 公斤重，并且这台无人机带有 8 个旋翼、一个稳定器和变焦镜头的高清摄像机，果然是富贵家公子，这是史蒂芬·赵一贯的做派。

"又是一个氪金玩家！"尤大志心中默默吐

槽。这台无人机的造价恐怕是自己那群无人机的 3
倍都不止。

吐槽归吐槽，尤大志也明白这个大家伙在很
多方面确实有着巨大的优势。

动力足，意味着飞行速度够快，而高清摄像
机则意味着它不必总是贴近目标来拍摄，这应该
会节省不少时间。另外，体型大还有一个很大的
好处，那就是在空中的稳定性会更好一些。

105

尤大志抬头看了看天，心中默默祈祷今天的
风不要太大。否则，他的那群"小蜜蜂"恐怕要
花不少力气来矫正飞行路线了。

在棉花糖队伍的起飞点，马大虎用下巴指了指史蒂芬·赵的方向："这回顶峰学校弄了这么个大家伙，看来是动真格的了。"

"8个旋翼，速度肯定嘎嘎快，其他就不好说了。"查理看了一眼，继续埋头调试起自家的无人机。

"我觉得奋进学校的那些小无人机可能威胁更大。"刘星星道，"5台无人机，每一台只需要搜索一个区域就可以了，5倍效率啊！"

王小飞看了看顶峰和奋进两个学校的无人机，又看看自家的无人机。这台无人机经过了持续不断的迭代优化，王小飞是很有信心的。正如Y老师所说，任何优势都伴随着代价，极致的速度或者灵活性，又或者搜索效率，确实都是优势，但关键是获得这些优势的代价是什么。

王小飞觉得这次比赛与其说是技术的比拼，还不如说是策略的比拼，就好比是田忌赛马，到底谁能赢呢？

这时，会场响起了广播："通知参赛队伍各就各位，进入 1 分钟倒计时。"

王小飞招呼队员们各就各位，顶峰和奋进这两个学校绝不是简单的对手，这是一场硬仗！

随着发令枪响起，所有参赛的无人机纷纷腾空而起，形态各异，天空中出现了一只巨型的无人机"蘑菇云"，向着森林公园的方向飞去，场面颇为壮观。

107

比赛开始了！

激烈争夺

会展中心广场的大屏幕上，展示着比赛现场

各处的无人机拍摄的比赛实况，以及得分榜。一开始这个榜单上还是空荡荡的。很快大屏幕上就显示顶峰学校的8旋翼无人机遥遥领先，率先进入了寻宝场地。

刘星星抬头看了一眼大屏幕："顶峰也太快了吧，这时速怕是超过80公里了！"

"不用担心，咱们的速度也不慢！"马大虎戴着一个VR头盔，手持遥控器说道。

"别装了，现在是自动导航，而且摄像头都没开！"查理没好气地说道。

为了省电，他们研究了每一个环节，包括路途中的影像传输。

"别分心，咱们马上就要进入寻宝场地了。"王小飞紧盯着眼前的屏幕，那是一幅地图，上面有无人机的当前位置、速度、高度、电量等一系列参数。

"各单位注意，5秒钟之后开始搜索作业，5、

4、3、2、1，开始！"随着王小飞的一声令下，无人机的 360 度摄像头开始工作，同步影像立刻传了回来。与此同时，马大虎开始接管了无人机操控。

刘星星、查理、王小美和杨小鹰分成两组，分别负责 180 度的视野范围，拼命地寻找目标。

此时，会场上响起一片欢呼，刘星星抬头看去，原来是顶峰学校已经找到了第一个宝藏，获得 10 分。

"专心搜索目标，别分心！"Y 老师适时提醒了一句。

这个时候，最忌讳的就是对手的行动影响到自己的发挥。

突然，王小美看到前方不远处的树桩旁边，似乎有一个方形的物体。

接到信息的马大虎立刻让无人机前往目标地点，果然是一个宝藏。

"绕到宝藏侧面，稳住……"查理边说边按下拍摄按钮。

"10 分到手！"

然而当查理抬头看去，吓了一跳，顶峰学校已经获得了 40 分，就连刚进入赛场不久的奋进也拿了 15 分。还有三所学校也拿了 10 分。

现在排行榜上，顶峰学校第一，奋进学校第二，棉花糖学校跟其他三所学校并列第三！

"这个地点没有其他宝藏了，前往下一个地点搜索！"王小飞道。

马大虎闻言，立刻操控无人机飞了过去。

此时的顶峰学校也不是事事顺遂。

"下面发现两个疑似宝藏的位置，但是空间狭窄，咱们要不要下去？"旁边的周聪突然问道。

史蒂芬·赵此时正在郁闷，他们的摄像头配置很高，可以在比较高的位置搜索和拍摄。但是有一些宝藏的二维码位置太刁钻，不是上方有遮挡，就是在侧面。搞得他们必须降低高度来拍摄，可是无人机就会受到树林里虬结交错的树枝的干扰，这对于大家伙很不友好。

现在倒好，这个宝藏的位置居然在一个树洞里，他们的无人机怎么钻得进去呢？

史蒂芬·赵叹了口气："赶紧寻找下一个，宝藏很多，不要浪费时间。"

然而，正当他打算离开的时候，一架很小的无人机"倏"地从他们面前飞过，当着他们的面飞到那个树洞里拍摄，然后飞走了。

这可把史蒂芬·赵气得够呛，他咬牙道："尤大志！你给我等着！"

此时的尤大志并不知道他已经被史蒂芬·赵给记恨上了。他现在也是一个头两个大。

他们的蜂群无人机一共5架，5名学生每人操控一架无人机，分别负责一个小区域，搜索效率确实很高。再加上机身够小、灵活性高，几乎所有的宝藏都能拍到。

乍一看，这个策略可以说是非常完美。但是，当他看到 5 架无人机传回来的实时数据，心里实在着急。

由于机身的体积重量所限，蜂群无人机的电机性能和电池容量并不足够。现在他们虽然分数紧紧咬住了顶峰学校，但是电量却掉得连一半都不到了。

加上返回出发地所需要的电量，他们满打满算还有 10 分钟的搜索时间。如果不能在这段时间里获得足够优势，他们肯定会被其他队伍超越。

"抓紧时间，抓紧时间！"尤大志对同伴们喊道。

排行榜上，棉花糖学校的分数已经开始逐步追了上来。

"这个地点搜索完毕，前往下一个地点！"王小飞发出指令，随即抬头看了看积分榜。

112

现在的积分榜上奋进学校排名第一，220 分；顶峰学校第二，180 分；棉花糖第三，150 分。

"发现一个宝藏，位置狭窄，要不要进去拍？"马大虎有点拿不准。

"没事儿，有咱们的 AI 帮忙，怕啥？最多进不去，不至于碰撞的。"查理盯着屏幕边搜索边说道。

马大虎没有犹豫，向着树洞开去。果然，有了 AI 的辅助，无人机顺利进入了狭窄的树洞里，拍摄后安全退出。

这个功能就是棉花糖学校的秘密武器——AI
辅助功能。

王小飞抬头看向大屏幕，分数又追近了一些。

电磁干扰？无法降落!

此时，会展中心的观众席上一片哗然。因为
大屏幕上突然显示位于第一名的奋进学校的无人
机开始返程。虽然此时他们已经拉开对手 60 分的
差距，但是这么快返程，岂不是意味着给了对手
巨大的空间？

尤大志心里很清楚，他们如果再不返航，肯
定没办法回到出发点了。

其实，现在返航已经是极限，此时如果来上

一阵大风都可能让他的蜂群无人机偏离航向，从而没有足够的电量返航。

史蒂芬·赵此时却心情大好，奋进学校的无人机返航意味着他们将很快成为第一名。

"大功率，大电池，大相机……"史蒂芬·赵又开始翘尾巴了，"大，才是王道！"

棉花糖学校的众人看到奋进的无人机群返航了，就知道这次比赛最终对决将在他们和顶峰学校之间展开。

随着时间的推移，顶峰学校和棉花糖学校的分数达到了惊人的 330 分和 320 分。

这时，两队同时发现了一个宝藏。但是，这个宝藏的位置位于两棵树之间，要想拍摄到二维码，必须让无人机飞进这个狭窄的空间。还有一个办法是在比较远的位置，通过树丛之间的缝隙来拍摄。但这个方法要慢慢找位置，很费时间，而且还不知道是不是有这样的缝隙存在。

史蒂芬·赵看着无人机回传的图像，脸顿时黑了。他赶紧对操控无人机的飞手道："不要浪费时间，下一个！"

飞手看着无人机的实时飞行数据，担心道："电量只剩下 15% 了……"

史蒂芬·赵这才猛然一惊，连忙道："返航，立刻返航！"

同一时间的棉花糖学校，在拍完这个宝藏的二维码之后，也只能返航。尽管他们用尽了所有的手段省电，此时也到达了极限。

看着大屏幕上顶峰学校和棉花糖学校以 330 分的成绩并列第一，王小飞也无奈地摇摇头，自己也算是尽力了。

王小飞按下自动返航的按钮，随即 AI 就接管了无人机的操控。马大虎脱下头盔，其他队员依依不舍地从没有信号的屏幕上移开了视线。

一切已经结束，只要等无人机自动飞回出发

时的停放点，比赛就结束了。

这个自动返航是王小飞自己开发的。每次训练都要起飞和降落，都是重复性的工作，本来就很容易让人疲劳。特别是降落，还要小心翼翼地，而且十有八九还停不准。于是，王小飞干脆开发了一个 AI 自动返航降落的功能，省去很多麻烦。

突然，会场响起一阵刺耳的电流声，尖锐的声音让人牙根发酸。

随着电流声消失，观众们发现大屏幕上的图像信号消失了，只剩下黑屏。更要命的是，参赛队伍发现自己跟无人机之间的通信中断了！

"切换频道！从 2.4G 切换到 5.8G！"

"没用，所有频道都没有信号！"

"5G 信号，咱们加装了 5G 模块的，快切换！"

"不行，5G 也没有信号！"

……

现场乱成一锅粥，失去了信号就意味着无法

操控无人机。而失去操控信号的无人机会因为没有指令而悬停在空中，直到电量耗尽前才会慢慢地降落下来。

Y老师拿出手机，打算问一问情况。突然，他发现手机的信号也没有了！这不是简单的设备故障或者干扰。

118

"无线电信号压制！"Y老师的头脑里突然闪过这个名词。

这是一个军事用语，是战场上敌对双方电子战的主要手段。问题是，这里是风和日丽的滨海市，

并不是什么硝烟弥漫的战场，而且，也没有接到
军事演习的通知。

这到底是怎么回事呢？

意外的胜利

119

过了大约 5 分钟，信号恢复了正常，就像刚
才的信号干扰从来没有发生过一样。

大屏幕上的实时图像重新开始了传输，参赛
队伍也都重新联络到了自己的无人机。

但是，并不是所有队伍都能继续操控自家的
无人机飞回来了。

因为刚才已经接近比赛的尾声，绝大部分无人
机的电量都用得差不多，也就是刚好够返航而已。

此时耽误的 5 分钟，哪里还有电能飞呢？

好在组委会为了以防万一，在无人机途经的各处都安排了志愿者。所以这些无人机倒是都被安全回收，不用担心遗失。

就在大家同病相怜、感慨劫后余生的时候，一阵螺旋桨的嗡嗡声打破了现场的沉闷。

只见一架四旋翼的无人机缓缓地、准确地降落了下来。

是棉花糖学校的无人机！

因为有了 AI 返航降落功能，他们的无人机虽然失去了无线电信号，但是不影响它的飞行。因为 AI 是根据 GPS 定位信息和出发点的坐标信息来自主飞行的。

此时，会场爆发出一阵阵欢呼和掌声。大家虽然不知道棉花糖学校是如何办到的，但是能够克服如此大的困难，让人觉得很厉害！

经过组委会的商议决定，由于严重的电子信号干扰导致绝大部分无人机无法正常返航，所以本次比赛的成绩不再考虑返航因素，所有成绩均有效。

但是，为了表彰棉花糖学校成功返航，决定额外为棉花糖加 10 分。

就此，棉花糖学校再次力压顶峰和奋进两所学校，勇夺第一！

走出会展中心，史蒂芬·赵拦住了王小飞，他伸出手："恭喜啊！这次你们干得漂亮！想不到你们居然会用 AI 来导航。"

王小飞依旧是表情淡淡的，没啥起伏，倒是很礼貌地握了握史蒂芬·赵的手："因为我比较懒。"

说罢，王小飞带着大家径直离开，只剩下史蒂芬·赵在风中凌乱。

当众人离开，阴影中发出一声嗤笑："偷懒吗？有趣！"

随即，那人的手机接收到一条信息："全频段无线电信号压制测试完成！立即潜伏，等待进一步指示！"

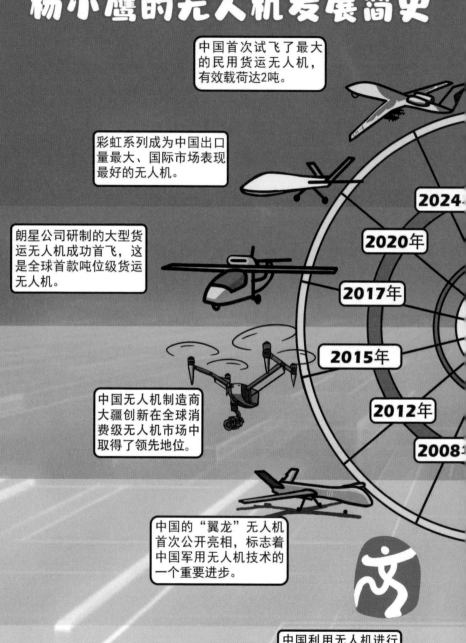

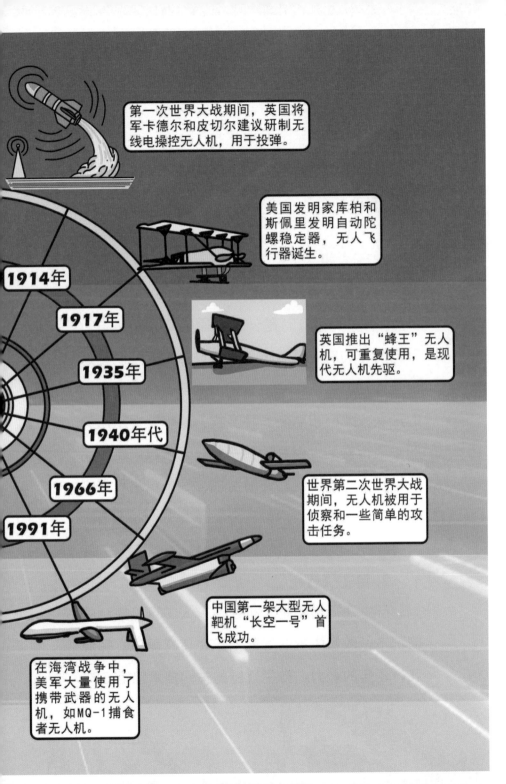

王小飞的学习笔记

124

1. 无人机

无人机，也称作无人航空器（unmanned aircraft vehicle），是一种不需要载人即可进行飞行操作的航空器。无人机可以由地面控制站遥控操作，也可以自主执行预设的飞行任务。它们的形状、大小和功能多种多样，从小型娱乐用的四轴飞行器到大型军用侦察机。无人机广泛应用于摄影、农业监测、交通监控、气象观测和救灾等领域。

2. 自主飞行

自主飞行是指无人机在没有人工直接控制的情况下，依靠内置的导航系统和传感器独立完成飞行任务的能力。自主飞行的关键技术包括 GPS

定位、视觉识别和避障等，使无人机能够在复杂的环境中安全飞行。

3.FPV 飞行

第一人称视角（first person view，FPV）飞行是指飞行者通过装在无人机上的摄像头所捕获的视角，实时查看无人机的飞行视角，通常借助于头戴显示器或地面显示屏，这种飞行方式让操作者觉得自己像在空中飞行一样。

4. 无人机编队飞行

无人机编队飞行指的是多架无人机根据预定的编排和程序，协调一致地进行飞行表演或执行任务。这种飞行模式要求高度精确的通信和控制系统，以确保无人机之间的同步和安全间距。这种技术展示了无人机在集体协作方面的巨大潜力。

5. 无人机的关键技术

无人机是众多技术的综合应用，下面是一些比较关键的无人机技术。

（1）导航与定位系统

GPS/GNSS：无人机通常使用全球定位系统（GPS）或其他全球导航卫星系统（GNSS）进行空中定位，确保飞行的精准性和路径规划的准确性。

惯性导航系统（inertial navigation system）：利用加速度计和陀螺仪监测计算无人机的速度、方位和姿态，与 GPS 系统结合使用，提高导航的准确度和可靠性。

（2）通信技术

遥控通信：无人机与操作者或地面控制站之间通过无线电波进行通信，用于发送飞行指令和接收飞行数据。

数据链路：高速数据传输系统用于实时传输飞行数据和视频流，对于 FPV 飞行和数据采集十分关键。

（3）避障与传感技术

视觉传感器：包括摄像头和光学传感器，用于环境识别和障碍物检测。

激光雷达（LiDAR）：通过激光测距来获取周围环境的详细三维信息，常用于复杂或低可视条件下的导航。

声呐和雷达：在特定应用，如水下或密集烟雾环境中使用，提供其他技术无法提供的导航数据。

（4）自主控制算法

飞行控制系统：无人机依靠先进的飞行控制系统来维持飞行稳定性，响应操作指令，执行复杂的飞行任务。

人工智能和机器学习：用于提高无人机的自主决策能力，使其能够更好地理解环境，执行更复杂的任务，如自主避障、目标跟踪和智能路径规划。

（5）能量与动力系统

电池技术：大多数无人机使用锂聚合物电池作为电源，电池的容量和效率直接影响到无人机的飞行时长和性能。

电机与推进系统：无人机使用高效率的电机和精密的螺旋桨来提供必要的推力和操控能力。

 Y老师的思考题

1. 是否应当允许在公园里玩无人机？

查理：

应该允许！公园是公众场地，无人机作为一种合法的运动，应当被允许。

王小美：

应该禁止！公园人流密集，还有许多小朋友，无人机一旦伤人，后果严重。

2. 无人机配送能否完全替代传统的快递方式？

查理：

当然可以！无人机配送更快更高效，将来肯定是主流。

王小美：

不可能！有些地区难以覆盖，而且无人机配送存在隐私和安全的问题。

3. 无人机在农业中的应用是否能够彻底改变传统农业？

查理：

肯定能！无人机可以提高农作物监测的精度

和效率,未来农业将更加科技化。

王小美:

不一定!虽然无人机有其优势,但传统农业依赖的是丰富的经验和人工管理,两者需要结合。

4. 无人机技术是否会导致更多的就业岗位消失?

查理:

不会!无人机技术的发展将创造出新的工作岗位,如无人机操作员、维修技术员等。

王小美:

会的!自动化和机械化的提高可能会取代一些传统的、需要人工的工作岗位。

5. 无人机比赛是否能成为一项正式的体育竞赛？

查理：

能！无人机比赛不仅考验操作者的技术，还具有高度的观赏性和竞技性。

王小美：

难说！虽然无人机比赛很有趣，但要成为正式的体育项目还需要更广泛的社会认可和规范。

131

6. 无人机在灾害应急中的作用是否被高估了？

查理：

没有！无人机在灾害响应中能够迅速评估情况，有效指导救援行动。

王小美：

可能被高估了！实际的灾害环境复杂多变，无人机的应用还面临很多限制。

一起动手吧

132

1. 组装无人机

目标： 购买无人机套件，组装一个简易无人机

材料： 无人机套件

步骤：

（1）跟随套件说明书组装无人机。

（2）在成人监督下进行简单的测试飞行。

2. 基础飞行技巧训练

目标： 学习基础的起飞、悬停、前进、后退、左转和右转操作。

材料： 无人机，开阔场地。

步骤：

（1）在安全的开阔场地，练习无人机的起飞和悬停。

(2) 练习简单的方向控制操作。

(3) 试着让无人机绕定点飞行。

3. 无人机创意设计

目标： 发挥你的想象力，设计一款你理想中的无人机，让这个无人机能够解决你想解决的问题。

材料： 纸、笔或者电脑绘画软件。

步骤：

(1) 构思你的无人机。

(2) 将这个构思用图画方式表现出来。

(3) 把你的设计分享给大家！

4. 探索无人机法规

目标： 了解和讨论无人机飞行的法律法规。

材料： 互联网，研究材料。

133

步骤：

（1）在网上搜索无人机的相关法律法规。

（2）讨论这些规定对无人机使用的影响。

（3）创作一份简单的守则海报。

5. 无人机科学探索项目

目标： 使用无人机进行一个简单的科学研究项目。

材料： 无人机，研究工具（如温度计）。

步骤：

（1）选择一个科学问题，如"空中和地面的温度差异"。

（2）使用无人机搭载测量工具收集数据。

（3）分析数据，并做出结论。

6. 无人机救援模拟

目标： 模拟使用无人机执行搜救任务。

材料： 无人机，模拟"失踪"物品。

步骤：

（1）在一个安全的区域设置模拟搜救场景。

（2）规划无人机的搜索路线。

（3）执行搜救任务，尝试找到"失踪"物品。

联系 Y 老师

同学们，这些思考题，Y 老师希望你都可动手做一做，如果你有什么好的想法，或者遇到什么困难，也欢迎你随时联系 Y 老师。

我在这里等你哦：公众号"少年 AI 漫游指南"

邮箱地址：AskTeacherY@outlook.com

内容提要

在风景如画的滨海市,三所风格迥异的学校——棉花糖学校、顶峰学校与奋进学校,构成了充满竞争与友谊的"校园三国"。全书以三所学校的科技活动为主线,通过轻松幽默的校园故事,逐步带领孩子走近航空航天、自动驾驶、机器人、虚拟现实、人工智能、绿色能源等 12个前沿科技领域。故事中,三所学校的孩子们积极运用科技的力量来解决学习与生活中的难题,在实践中加深了对科技的理解。

除故事外,每个章节特别增设了"科技发展简史""学习笔记"和"一起动手吧"三个板块,让孩子在趣味阅读中了解科技知识,拓展科技视野。

图书在版编目(CIP)数据

校园三国之炫酷科技 / 柴小贝,戴军著 . -- 上海:
上海交通大学出版社, 2025.3. -- ISBN 978-7-313-32116
-9

Ⅰ. N49

中国国家版本馆 CIP 数据核字第 2025LT2446 号

校园三国之炫酷科技
XIAOYUAN SANGUO ZHI XUANKU KEJI

著　　者:柴小贝　戴 军
出版发行:上海交通大学出版社　　　地　　址:上海市番禺路 951 号
邮政编码:200030　　　　　　　　　电　　话:021-64071208
印　　制:上海景条印刷有限公司　　　经　　销:全国新华书店
开　　本:880mm×1230mm　 1/32　　总 印 张:21.25
总 字 数:241 千字
版　　次:2025 年 3 月第 1 版　　　　印　　次:2025 年 3 月第 1 次印刷
书　　号:ISBN 978-7-313-32116-9
定　　价:118.00 元(全 4 册)

校园三国之

炫酷科技 IV

柴小贝　戴军　著
海鸥　绘

上海交通大学出版社
SHANGHAI JIAO TONG UNIVERSITY PRESS

来啊，与 Y 老师和小伙伴一起玩耍 PK~

扫码关注
【少年 AI 漫游指南】

加入故事里的科技探险……

内容简介

在风景如画的滨海市，三所风格迥异的学校——棉花糖学校、顶峰学校与奋进学校，构成了充满竞争与友谊的"校园三国"。全书以三所学校的科技活动为主线，通过轻松幽默的校园故事，逐步带领孩子走近航空航天、自动驾驶、机器人、虚拟现实、人工智能、绿色能源等 12 个前沿科技领域。故事中，三所学校的孩子们积极运用科技的力量来解决学习与生活中的难题，在实践中加深了对科技的理解。

除故事外，每个章节特别增设了"科技发展简史""学习笔记"和"一起动手吧"三个板块，让孩子在趣味阅读中了解科技知识，拓展科技视野。

郑永正

棉花糖学校科学课老师，斯坦福大学退学博士，学生们起花名"歪老师"，代号"Y老师"。

华山

棉花糖学校教导主任，身材魁梧，隐秘的"武林"高手。

陆言

棉花糖学校"掌门人"，儒雅博学，教育改革家，Y老师当年的班主任。

何苗

棉花糖学校六（6）班班主任，说话温柔，笑起来有两个酒窝，喜欢花花草草。

王小飞

棉花糖学校学生，双胞胎哥哥，冷面学霸，隐藏的体育高手。

王小美

棉花糖学校学生，双胞胎妹妹，班长，手工达人，能歌善舞，热情，有正义感。

马大虎

棉花糖学校学生，出名的顽皮鬼，黑黑的皮肤，高高壮壮，篮球高手，Y老师忠实粉丝。

刘星星

棉花糖学校学生，马大虎好朋友，航天迷。

杨小鹰

棉花糖学校学生，很爱笑的开心果，喜欢科学，爱读书。

查理

棉花糖学校学生，爸爸是英国人，妈妈是中国人，一头金发，满口东北话，天然呆。

芭芭拉（柳青）

顶峰学校校长，从头到脚精英范，衣着考究，英语老师。

史蒂芬·赵（赵勇）

顶峰学校学生，身材高大，相貌俊朗，穿着考究，智商很高，喜欢装腔。

戚华

奋进学校校长，人称"卷王"之王，中等身材，高颧骨，面部轮廓分明，眼睛不大但眼神坚定，略显严肃。

尤大志

奋进学校学生，小版"卷王"，中等个头，样子不突出，但眼神坚定。

伍理想

奋进学校学生，一个性格有点跳脱、喜欢运动的孩子。父母对他寄予厚望，但他在学校里感觉很压抑。

滨海，一座位于南方海岸线上的美丽城市。

这里依山傍水，历史悠久，有很多网红打卡景点。近代以来，港口贸易的发展，让滨海又成为连接世界的重要出口。生活富裕，美食众多，滨海一直稳居全国宜居城市的前十。

在美丽的滨海，有三所著名的学校，备受家长们追捧。这其中鼎鼎大名的当属顶峰学校，它是滨海市最老牌的精英学校，历史悠久，盛名在外，简直就是滨海教育界的金字招牌。优秀的毕业生更是层出不穷，比如，郑永正老师这样的青年才俊，就是当年在顶峰学校陆言老师的得意门生。

顶峰学校人才济济，陆言、戚华还有现在顶峰学校的校长——"女魔头"芭芭拉，三个都曾是顶峰学校的教师骨干，也曾是比肩合作的老友，终因为理念不同而分道扬镳。陆老师创办了棉花糖学校，戚老师接管了奋进学校，芭芭拉留在了顶峰学校成为掌门人。三位个性独特的领头人，都在各自

领域闪闪发光，于是顶峰学校、棉花糖学校和奋进学校形成了三足鼎立之势，成为滨海赫赫有名的"校园三国"。

顶峰学校以其悠久的历史和强大的校友网络而闻名，这里的学生大多出身不凡，在顶峰学校上学也让他们有着不少优越感。顶峰学校的家长们藏龙卧虎，能量无限，因此顶峰学校的学生们眼界和见识也自然常常超越同龄人，他们经常在各种比赛中表现不凡，也让顶峰学校的学生有点超乎年龄的自负。可能是拥有的太多，顶峰学校在盛名之下，少了点脚踏实地的坚持，学生们擅长的事情很多，专注的事情却很少。

奋进学校曾是滨海学校中第二梯队的领先者，而自从戚华空降做了校长后，他把奋进学校带进了滨海前三。戚老师绝对是个人奋斗的典型，他出生在一个贫困山区，是家中的老大，父母都是农民，为了供他上学异常艰辛。而戚华也没有辜负父母的

期望，是当年的高考状元，成了家乡的骄傲。在奋进学校，戚老师常挂在嘴边的话就是"爱拼才会赢"。奋进学校以其严格的考试制度和对成绩的重视而闻名，家长们都觉得奋进学校的学风很正，学生们勤学苦练，目标坚定，但过于严格的环境也让不少学生感到压力山大。

在这三所学校里，虽然棉花糖学校成立时间最短，建校不过10多年，却以独特的教育理念迅速崛起，成为滨海顶尖学校中的一匹黑马。别看学校的名字软绵绵的，棉花糖学校的硬实力却不容小觑。棉花糖学校以其快乐的教学方式和对解决问题能力的重视而闻名。学生们在学习中感到快乐和有动力，他们能够自由地探索自己的兴趣和提升自己的才能。陆言校长希望学校就像棉花糖一样，松软香甜，让同学们在学习中感到有趣快乐，充满想象力和创造力。

目　录

十

▶ 城市交通篇

突发，全城大拥堵！

引子

同学们，咱们每天上学放学，爸爸妈妈上班，都会用到城市交通。现在，我们居住的城市越来越大，人口越来越多，路上的车也越来越多。城市交通就像是城市的"血管"，每天都在忙碌地运送"血液"，也就是我们在城市里居住的所有人。可以说，交通是城市发展的"动力引擎"，它能促进经济增长，带来更多的工作机会，让城市变得更加宜居。

不过，随着城市的快速发展，交通也面临一些挑战，比如交通拥堵和环境污染。很多新技术正在帮助我们解决这些问题，例如，自动驾驶汽车的发展，可以解决驾驶中的人为失误；5G 技术可以让交通信号灯更加智能化，减少等红灯的时间；共享模式让出行更加环保和便利……

在中国，城市交通的发展特别迅速。过去的十年里，很多城市都建设了地铁和公交车。还有街上常见的小黄车、小蓝车等等，这些共享单车都可以随借随还，非常方便。中国在智能交通方面也走在了世界前列，通过使用大数据和人工智能技术，我们可以更好地管理交通，让车流更加顺畅，减少堵车现象。我国还在推广新能源汽车，这种汽车更加环保，减少排放，对环境友好。

作为南方一个经济发达的大城市，滨海也难逃大城市病，最近频发的堵车让老师和同学们常常堵在路上。不过，就在这次科技大赛的当天，滨海却发生了一场非常诡异的全城交通大瘫痪，这是怎么回事呢？

大堵车

"你怎么才来啊？！"刘星星看着上了半节课才进入课室的马大虎轻声问道。

"别提了，堵车，大堵车。整个滨海市现在就是一个大停车场。"马大虎神色夸张地说道。

"不会吧！"刘星星一脸吃惊的表情。

"你还别不信，我坐车半个小时，才走了2公里……走路都比坐车快。"马大虎道。

"那你怎么过来的？"刘星星不解道。

"我果断下车，扫了一辆共享单车，这才赶到学校。"马大虎道。

"下面的同学不要交头接耳！"何老师敲了敲讲台，目光看向两人，吓得两人赶紧端正坐姿，做出一副认真听课的样子。

3

看到两人不再说话，何老师继续说："大家翻到课本第 54 页，这一段作者巧妙地采用了暗喻的方式……"

没过一会儿，刘星星终于还是没忍住，他眼睛看着黑板的方向，趁何老师转身的间隙小声问道："你不会去坐地铁啊，地铁不堵车的……"

马大虎正要回答，就听到门口传来一声："报告！"

4

何老师转头一看，是狼狈不堪的查理。这已经是今天第 7 个迟到的学生了，何老师也懒得问，直接摆摆手让查理赶紧回到座位，自己则继续写着板书。

"地铁？"马大虎叹了口气，"地铁是不堵车，可是地铁堵人啊……我中间想坐地铁来着，到地铁站一看，排队都排到地铁站外头了。"

刘星星想了想，一副不太理解的样子。他家就在学校附近，每天都是提前 5 分钟踩着预备铃进教室。对这些堵车什么的没太多概念，特别是这种全城超级大堵车。

查理的座位正好在刘星星后面，听到两人对话，他也忍不住小声道："地铁简直是地狱，我等了三趟车，总算挤进去，然后你们猜怎么着？"查理咽了口口水，心有余悸，"我下不来了！"

刘星星有点担心："那怎么办啊？"

"没办法，只能等人少点的站下车，然后坐反方向的车回来呗。你看，我书包带都扯断了。"查理道，"你说是不是很夸张。"

突然，刘星星像是想到了什么，转头问另一边的王小飞："你家也不近啊，你怎么没迟到啊？"

"我最近在练长跑。"王小飞依旧是一脸平静。

这个回答让几人面面相觑，学霸的世界果然很难懂。

"原来是交通基本靠走啊……"查理伸出大拇指点赞。

王小美在前面听到后面喋喋不休，终于忍不住，回头做出一个嘘声的动作，几人这才消停。

终于到了课间休息，何老师看着课室里三分之一的空座位，心里也是叫苦。这大堵车不光是学生迟到，还困住了不少住得远的老师，也赶不及回来上课。

这不，她刚才接到华山老师的电话，让她去顶另外两个班的课。至于补不上的缺口，估计也只能让学生自习或者老师远程网课的方式来解决了。

上课铃响了，何老师赶紧小跑着去往另一个班上课。

"堵车真是讨厌啊……"何老师边跑边想。

未来交通大赛

Y老师再次把王小飞等人召集到一起，宣布了新的比赛项目。

"滨海市要在一个月以后举办未来城市交通创新大赛……"

还没等Y老师说完，下面就议论了起来。

查理："这个忒重要了，简直了！"

马大虎："最近堵车堵到怀疑人生，恨不得自己穿越了……"

王小美看着还在贫嘴的两人，有点生气，做了把嘴巴关上的手势，有点生气地说："你们等Y老师说完吧！"

Y老师见两人不再说话，继续道："比赛的方式是方案设计。参赛学校要撰写一份针对未来城市交通的设计方案……"

"切，没劲……"所有人几乎同一时间发出不屑的声音。可能是前几次身临其间的科技大赛让大家玩疯了，在他们看来，这种纸面上的竞赛真的是埋没他们的才能。更重要的是，就算拿了冠军也对解决堵车问题毫无帮助。

Y老师只好敲了敲桌子，让大家安静下来，然后提高嗓门道："方案大赛也是大赛，考察的是你们对科技的理解和想象力。而想象力……"

没等Y老师说完，所有人就一起接着道："是创新的第一动力……"

"Y老师，不是你说的，大家不能止步于就是纸上谈兵，要把想法变成实践吗？可是现在只是写写方案，那不就是纸上谈兵吗？"马大虎趴在桌子上，无精打采地说道。

查理和刘星星也附和道："是啊，没啥意思……"

Y老师被噎得一愣，自嘲地笑了一下，没想

到这群家伙开始引用自己说过的话来反驳自己了，真不知道是该高兴呢，还是该生气？

"Y老师，这次比赛是不是只能用书面报告来呈现呢？"王小飞突然问道。

Y老师翻看了一下手机里的文件，回答道："这个比赛规则里没有说，只是说最有创意，最有可行性的方案，将会获得冠军。"

王小飞点点头道："那就是说，谁的方案说服力更强，谁就能赢。"

"你这什么意思？"王小美不解地问道，"说到底，还是方案大赛，增加说服力不还是写写画画吗？"

王小飞推了推眼镜，嘴角微微上挑："那可不一定！"

顶峰学校的科学教室里，芭芭拉也正和史蒂芬·赵等人讨论比赛的事宜。

史蒂芬·赵站在黑板前，说着自己的想法：

"我认为，这次要击败奋进学校和棉花糖学校，咱们必须出奇制胜才行！"

说罢，他就摆出一副胸有成竹、大家快来问我的样子等着。

见许久都没人接茬，史蒂芬·赵只好自己轻咳两声掩饰尴尬，自揭谜底："虽然这次是方案大赛，但是，方案是不是可行，最好是能用事实来验证。"

周聪有点摸不着头脑："史蒂芬，你要怎么用事实证明？这次的主题是城市交通，总不能找个城市来运行方案吧？"

史蒂芬·赵微微一笑："如果没办法改变一个城市的交通系统，我们可以做个模型来演示啊，是不是比单纯地用嘴说要好得多呢？"

经过数次大赛的磨炼，尤其是与棉花糖学校反复交手后，史蒂芬·赵已经不再是那个眼高于顶的史蒂芬·赵，他会注重实践，注重动手解决问题，而不再仅仅满足于自己天才的想法。

史蒂芬·赵的提议得到了大家的一致赞同，芭芭拉则直接拍板："这次的比赛，一定要展示出顶峰学校的真正实力！"说完手叉腰摆了一个王者归来的自信 pose。

11

奋进学校的校长办公室里，戚华校长也在跟尤大志、伍理想一组人讨论这次比赛。

"戚校长，我们已经基本确定了方案的大致方向……"尤大志说道。

戚华校长起身来回走了几步道："以我多年的竞赛经验来看，虽然这次表面上是方案大赛，但是如果咱们只是写方案，做 PPT，恐怕很难脱颖而出。"

"我们也是这么觉得，那要怎么做呢？"尤大志满怀期待道。

戚华略一沉吟："咱们可以将方案的效果进行模拟，然后用视频或者实物的方式展现给评委。"

"对哦！"尤大志一拍大腿："我怎么没想到呢！这样一来肯定更加震撼！"

此时，这次大赛的出题人根本想不到，他所设计出来的方案大赛已经被三所学校升级成了怎样的模样。历经的数次科技大赛，让滨海三巨头的学生们早已不满足于方案的设计，直面问题动手实践，才是他们的乐趣所在。

在同学们紧锣密鼓的准备中，时间也很快来到了比赛当日。

交通指挥中心

这次比赛的场地安排在了滨海市交通控制中心的大会议室。这个会议室的旁边就是滨海市的交通控制指挥大厅。

比赛开始前，组委会特别安排了参赛队员参观指挥大厅。

交通指挥大厅足足有三层楼高，里面布置也很有特点：首先是一块巨大的显示屏覆盖了整面墙壁。屏幕上是滨海市的实时交通状况，包括重要路口的实时监控画面和反映滨海市的道路交通情况的实时地图。在屏幕的正对面，是呈扇面状展开的数十个座位，每个座位都负责一部分与城市交通相关的功能。

"滨海市经过多年的努力，已经建成了覆盖全市的智慧交通平台。通过这个平台，我们可以获得全市的交通数据并具备对交通运行状况的实时跟踪、管理和调节能力。下一步，我们将统合更多系统和数据，进一步提升交通资源的协调运作水平，让滨海市的交通更通畅，更安全！"

听完解说员的解说，大家对滨海的城市交通有了更多的认识，但还是提出了很多问题。而大部分问题都是围绕着滨海市近来频频堵车的情况提出的。

解说员也有点无奈道："滨海市这些年的人口和车辆的数量持续增长，道路交通在高峰期压力很大，短期内很难一下子解决。我们正在积极研究方案。大家放心，堵车的情况一定会有所改善的。"

参观完指挥中心，众人来到大会议室，透过会议室的落地玻璃看下去，可以清楚地看到整个指挥大厅和大屏幕。

在这样的环境下，一场别开生面的城市交通

创意大赛将拉开帷幕，同学们将化身城市规划师，体验运筹帷幄的成就感。

奋进学校：公共交通

首先出场的是奋进学校。

尤大志信心满满地走上了讲台，然后开始了他的方案展示。

"我们认为未来城市交通应当更加有效率，更加绿色和环保，更加方便快捷。"尤大志道，"而这一切都只能通过一个手段来解决，那就是公共交通。"

奋进学校的方案核心就是公共交通，而且是绿色环保的公共交通。他们认为，公共交通可以让有限的城市道路资源得到更有效的利用，同时也更加环保，对城市环境更加友好。

同时，他们还提出了一个设想，那就是在繁华路段普及更多自动人行道，让人员的流动也更加便捷。

"一个绿色环保、高效便捷的城市交通，才是值得我们期待的未来。"尤大志开始了他的方案总结。

一上午经过数轮方案轰炸，评委和观众们都开始有点倦怠了。

然而讲台上的尤大志也算是久经沙场，一点也不慌张，慢慢亮剑："为了让大家能够更好地理解这个设想，我

核心就是绿色环保的公共交通！

16

们特地制作了一个短片来展示这个方案的细节，请大家欣赏。"

说罢，他点开了一个视频。只见屏幕上出现了绿树成荫的城市，街道上干净整洁，车辆不多。而担任人员运输主体的，则是地面的各种公交车和地铁。有趣的是，这些公交车里没有司机，全都是无人驾驶公交车。道路两旁设有自动人行道，这些人行道将人流迅速疏散，效率很高。

这个短片制作精美，配上悠扬的音乐，让现场的观众和评委都是眼前一亮，一改会场的沉闷气氛。

很多其他学校的参赛队伍也没有料到奋进学校居然来这么一手，感觉自己的方案展示瞬间就不香了。

果然，排在奋进学校后面的三所学校的分数都没有他们高。

很快，就轮到顶峰学校的方案展示了。

顶峰学校：多层交通

史蒂芬·赵依旧是一副翩翩公子的模样，自信地站上了主席台："大家好，我们认为当前交通的最大挑战就是车辆太多而道路太少，正是这个原因才频频发生拥堵。但是，如果为了解决堵车就严格控制车辆的数量，那就是因噎废食。"

"那么，我们该怎么办呢？"史蒂芬·赵看到自己的开场白已经吸引了大家的注意力，于是顿了顿道，"答案很简单，那就是增加道路。"

台下的评委和观众发出来一小阵笑声，心想：你逗我呢？

现在的滨海主干道已经四通八达，哪里还有地方修路呢？再说，修路可不是一朝一夕的事，不但远水解不了近渴，还可能因为修路更增加拥堵。

史蒂芬·赵见火候到了，微微一笑道："而增加道路的方式，就是向空中拓展！没错，我们的方案就是基于飞行汽车的多层交通方案！"

接着，他示意同伴们将一个大家伙摆到了主席台前的桌子上。

"请允许我用一个模型来介绍我们的多层交通方案！"说罢，他颇为帅气地一手掀开了盖在模型上的布，下面的模型显露真身。

这个模型是一个十字路口，道路的两旁还有很多标志性的高楼。

"这好像是滨海 CBD 啊！"一位评委一眼就认出了模型的出处。

史蒂芬·赵点点头："是的，这里就是我们最繁华、最堵车的滨海 CBD。我将用这里作为例子演示我们的方案。"

19

说罢，史蒂芬·赵点头，示意小伙伴开始。只见他们把 30 多辆模型小车摆在了模型的边缘，然后让这些小车开始运行。很快，由于车辆的数量较多，路口的通过速度越来越慢，后来竟然挤在一起，无法动弹了。

台下的查理用手肘碰了碰马大虎："这么多模型……他们还真是豪横啊！"

"不氪金还能叫顶峰吗？"马大虎不屑道。

此时，台上的史蒂芬·赵也结束了第一阶段的演示，总结道："随着车辆的增加，道路资源肯定不够用，最后的结果只能是堵车。"

模型演示的堵车实况明显把评委和观众的兴趣也都勾了起来，大家都在期待着顶峰后面的大招。

他接着道："如果这些车辆可以飞行，那么情况就完全不同了！"

随着他的解说，大约一半的车辆竟然伸出四个螺旋桨，直接飞了起来！这下子现场的观众也不禁"哇"了一声。

接着这些车辆就在空中分成了三个不同的高度，开始通过路口。路上的车辆减少，道路一下子变得通畅起来。而空中的车辆被分为不同的高度，更是互不干扰，高速通过。

配合着模型演示的震撼效果，史蒂芬·赵对方案进行了详细的讲解，对车辆如何在空中上下客，如何停车等问题也都一一给出了他们的设想。

演示结束后，现场掌声一片，评委也给出远高于奋进学校的全场最高分。

史蒂芬·赵挑挑眉，挑衅地看了看奋进学校

21

和棉花糖学校，带着稳操胜券的笑容笃定回了自己的位置。

棉花糖学校：AI，AI，AI！

不一会儿，就到了棉花糖学校的演示。

作为多次科技大赛的冠军得主，棉花糖学校也被寄予厚望。大家都期待着他们即将带来的惊喜。

王小飞走上主席台，开始介绍："我们的方案是基于端侧 AI 的城市智能交通系统。"

看到台下众人期待的眼神，王小飞仿佛读懂了大家眼神中的期待，坦诚道："抱歉，我们今天没有准备模型展示，因为我们的方案可以直接嫁接到真实的场景中。"

没有在意台下观众失望的神色，王小飞点开了一个页面，继续道：

"这是我们基于一款开源的微观交通仿真软件做出的模拟。我们将自己开发的 AI 程序接入到这个仿真软件，让每一个红绿灯都具备 AI 能力。可以看到，使用 AI 之前的城市道路只能容纳大约 100 万台车辆。"

此时，随着车辆数目的增加，屏幕上的道路开始频频出现红色，显示道路严重拥堵。

王小飞点击了一个按钮："切换到 AI 红绿灯后，同样的路面可以轻松容纳 150 万台车。"

果然，随着他的操作，屏幕上刚才红色的道路很快变为绿色，只有个别地方出现黄色和红色，道路交通状况明显好转。

王小飞总结道："这就是我们的方案，通过 AI 赋能，让每一个重要的交通控制点，也就是交通灯，都具备自主理解本地交通状况，并根据这些状况进行分析，做出最佳决策，并将决策付诸实施的能力。这就好像为每个红绿灯都配备了一名不知疲倦，经验丰富的交通警察来指挥交通。而且我们认为，本地化 AI 辅助下的城市智能交通系统必然是未来城市交通的标配。"

果然，棉花糖参赛队一直是科技大赛的惊喜制造家。他们没有生动的视频说明，也没有华丽的模型，但是他们直接把计划的方案变成了可以落地执行的方案。棉花糖学校的大 boss 陆校长鼓励学生们培养动手能力，在这次系列科技大赛中，贯彻得十分彻底。

王小飞这支队伍绝对是话不多说，说到做到。

不过，听完王小飞的介绍，台下观众还是很平静。这些名词和枯燥的画面，他们看得似懂非懂，完全比不得顶峰参赛队的那些飞来飞去的模型来得直观。

但是，评委们就不一样了，他们开始窃窃私语，交流起了意见。这些评委都是交通方面的专家，他们没有想到在一场中学生的科技比赛中，居然能够听到如此有建设性和可行性的方案，而且竟然已经做出了产品原型，还进行了模拟测试！真是后生可畏！

其中一位评委问道："这位同学，你们开发的这个 AI，我可以看一下你们的源码吗？"

王小飞看了一眼 Y 老师，得到肯定的答复后，他答道："没问题！"

台下的观众这时才明白，原来棉花糖学校的方案已经到了可以让专家们都在意的程度了。

难道这次比赛已经没有悬念，棉花糖学校又要获胜了？

黑客入侵！城市交通大混乱！

然而，就在评委们准备宣布棉花糖参赛队的分数时，会议室的门被一把推开。一个工作人员焦急地冲到一名评委面前，在他耳边耳语了几句。

那名评委脸色骤变，顾不得比赛还在进行，径直起身离去。

看着行色匆匆的那位评委，Y老师皱了皱眉，他知道，这肯定是发生了重大的突发状况。

据他所知，这位评委是滨海市交通信息化工

程的总工程师顾总工，现在滨海市正在使用的智慧交通系统就是在他主持下开发的。

"难道是……"Y老师心头一惊，赶紧冲到可以看到指挥中心的那面落地玻璃前。

果然，大屏幕上出现了让人震惊的一幕。只见几乎所有主要路口的监控画面都显示出严重的拥堵，而在显示路况的那幅实时地图上，则可以看到所有主干道已经全部显示为红色！

"滨海的交通瘫痪了？！"Y老师难掩心中的震惊。他打开手机导航软件，随便选择了几个目的地，结果都显示了比平时多出几倍的时间。

"这是怎么回事！为什么全市的交通会突然瘫痪了？！"顾总工站在指挥大厅里大声质问。

"顾总工，10分钟前，我们就发现一部分信号灯开始出现延迟，很多主要路口出现了所有方向都是红灯的情况，而且持续了很长时间。我们一开始以为是通信线路故障。但是，刚刚，所有的信号灯失控了。这些信号灯突然全部变绿……"指挥中心的负责人紧张地陈述着情况。

顾总工拍了拍自己的额头："刚才等得很着急的车辆，看到绿灯一起冲了出来，就造成大量的交通事故！"

那名负责人神色凝重地点点头。

"这不是系统故障，这是蓄意攻击！"顾总工立刻做出判断："马上开始排查系统日志和后台程序，启动备用系统，启动后听我口令切换！"

"系统日志发现非法登录信息！"

"后台程序发现病毒！"

"立刻重启所有路由，提高防火墙等级！启动杀毒软件，立刻清除病毒！"顾总工接连发出命令，犹如战场上指挥作战的将军。

"已经切断非法链接，交通系统依然失控！"

"病毒已经改写了所有后台程序，无法清除！"

"切换备用系统！"顾总工命令道。

"已经切换备用系统……切换成功！"

"各交通灯恢复正常，开始初始化……"

顾总工的手紧张地攥着拳头。

突然，他听到一个最不想听到的消息："初始化中断，交通灯失去控制！"

顾总工猛地抬头，满眼的不可置信，难道连备份系统也已经被黑客渗透了？！

反击！夺回控制权

似乎还嫌事情不够大，一名工作人员来到他的身边，焦急道："顾总工，市中心医院的一辆救护车被堵在了路上，车上的病人突发急性脑梗，必须在 30 分钟内到达医院，否则会有生命危险！"

简直就像屋漏偏逢连夜雨，真是怕什么来

什么。

作为交通信息化的专家，顾总工可以说见惯大风大浪。但即便如此，面对如此严重的突发状况，他还是感觉很棘手。

顾总工背着手焦急地在指挥中心里踱步，心中思考着各个解决方案。

突然，他想到了刚才棉花糖学校的 AI 智能交通方案。

"AI 智能交通方案，AI 智能交通方案，没错，就是 AI 智能交通方案！"顾总工突然想到了方法。

周围的人则是一头雾水，什么 AI，什么智能啊，现在是说这些的时候吗？人命关天啊！

顾总工也不管周围人的目光，对着刚才的那名工作人员道："立刻确定救护车的准确位置，规划最佳路线，然后请求交警部门配合，优先疏导相关路段。"

接着，他转身对指挥中心的负责人道："立刻切断交通信号灯服务器的电源，马上！"

指挥中心的负责人一愣，害怕自己听错了，想再确定一下。

见负责人还想说话，顾总工提高声音道："立刻切断电源，出了问题，我负全责！"

负责人这才如梦初醒，立刻用对讲机通知机房人员切断了交通信号服务器的电源。

然而，神奇的一幕发生了，失去了中央服务器信号的交通灯，反而正常了！

这些交通灯不再像之前那样，不是全红，就是全绿，要么就是频繁转换灯号，它们的信号恢复了正常。

由于信号恢复了正常，加上交警的努力，救护车很快就到达了医院，交通也逐步恢复了正常。

听到病人脱离危险的消息，顾总工也坐在了椅子上，稍稍喘了口气。

看到周围人们询问的目光，顾总工解释道：

"每一个路口的红绿灯其实都有一套本地的设置。当服务器发出信号的时候，服务器的信号比本地信号的优先级要高。所以信号灯肯定会执行服务器的信号。"

"黑客渗透了中央服务器后，通过病毒发出错误的指令，故意制造混乱。我们只要无法清除这些病毒，就无法解除交通瘫痪。"

听到这里，负责人明白了："哦，我懂了！所以，您让我们切断服务器电源，让服务器发不出信号。这样一来，信号灯就可以执行本地的程序了。"

顾总点点头："这个程序虽然不是最有效率的，但却是可用的。而在刚才那个情况，任何可用的程序都比一个故意制造混乱的程序要好！"

顾总工抬头向会议室看去，Y老师和棉花糖的同学们跟其他人一起，都在看着下面。

顾总工心想："今天多亏了这些孩子们，否则还不知道要闹出多大的乱子呢！"

胜利之下的隐忧

Y 老师和同学们走在回去的路上，打算去找几辆共享单车代步。现在虽然交通瘫痪解除了，但是这会儿坐车估计还不如骑单车。

"Y 老师，刚才那个顾总说感谢咱们，是什么情况？"马大虎不解地问道。

一向在同学们心目中万事灵通的 Y 老师，这会子却在走神，他脑子里一直在盘踞着另一件事，慢了半拍地摇摇头："不清楚，可能就是客气一下吧。"

显然大家还都沉浸在夺冠的喜悦中，刘星星兴奋地说："说实话，今天这个顾总工对咱们的评价好高啊，说得我都有点骄傲了。"

"听哥一声劝哈，千万别飘！"查理拍了拍刘星星的肩膀，二人转小组又上线了。

Y老师转头看了看王小飞："你觉得呢？为什么对咱们的方案评价那么高呢？"

"咱们的方案可以兼顾效率和可靠性，"王小飞道，"大概是这个方案符合顾总的一些想法吧。我是这么觉得。"

Y老师点点头，今天又拿了冠军确实让人高兴。但是，这次的交通瘫痪却又让他感觉到哪里不对劲，似乎有什么人在刻意针对滨海市一样。

"希望是巧合吧……"Y老师这么想着，跟大家告别，骑上单车离开了。

此时，在滨海市交通指挥中心对面，一个空荡荡的房间里，电话铃声突然响起。

应该是我们的方案有优势吧！

"你制造的混乱只维持了 20 分钟。"电话里传来一个冷漠的男声。

"他们关闭了服务器。"一个慵懒的女声回答道。

"他们的反应比预期快！"那个男声道。

"好像是一群学生提醒了他们。"女声漫不经心地回答道，"瞎猫碰上死耗子，下次可没这么好运。"

35

电话那头停顿了几秒钟："不要小看这些学生，会吃亏。"

说罢，对方就挂断了电话。

房间里的女人迅速拔出电话卡，用力掰断冲进了马桶。接着她合上手提电脑，把物品塞进一个时尚的手提包里，转身开门离开。

"切，吃亏？！"那个女声自言自语道，"下次一定让你们'好看'！"

伦敦地铁开通世界上第一条地下铁路，标志着现代公共交通的开始。

福特T型车投入生产，流水线生产方式降低了汽车成本，推动了个人交通工具的普及。

美国底特律警官波茨发明三色信号灯。

1863年 ▶▶▶▶ **1908**年 ▶▶▶ **1920**年 ▶▶

2024年 ◀◀◀◀ **2020**年代 ◀◀◀◀ **2016**年 ◀

"低空经济"被写入中国国家政府工作报告，eVTOL垂直起降飞行器被视为未来重要出行工具。

城市开始探索智能交通系统和车联网技术，以提高交通效率和安全性。

全球首个自动驾驶出租车服务在新加坡推出。

杨小鹰的城市交通发展简史

高速公路的建设在美国迅速发展，象征着城市扩张和汽车文化的兴起。

随着环境保护意识的提高，人们开始重视公共交通和非机动交通方式。

第一次石油危机爆发，促使世界各国开始考虑能源效率和新能源车辆的重要性。

1950年代 ▷▷▷ **1960年代** ▷▷▷ **1970年**

2010-2019年 ◁◁◁◁ **2008年** ◁◁◁◁ **2004年**

共享经济兴起，出现共享单车、共享汽车等新型城市交通模式。

特斯拉推出Roadster，开启了现代电动汽车的商业化时代。

北京首款混合动力公交车运营，公共交通开始向绿色、环保方向转变。

1. 交通工具与系统

（1）公共交通（public transit）：包括城市公交车、地铁、有轨电车等为公众提供的共享交通服务。

（2）电动汽车（electric vehicle，EV）：使用一个或多个电动机或牵引电动机进行驱动的汽车。

混合动力汽车（hybrid electric vehicle，HEV）：结合内燃机和电动机，以提高燃油效率或增加额外动力。

（3）自动驾驶汽车（autonomous vehicle）：利用各种传感器、算法和控制系统，无须人类司机即可导航和驾驶的车辆。

2. 交通管理技术

（1）智能交通系统（intelligent transportation systems，ITS)：应用先进的信息技术、数据通信传输技术、电子感知技术、控制技术和计算机技术来实现交通管理和服务的现代化系统。

（2）车联网（vehicle-to-everything，V2X)：指车辆与任何实体（包括其他车辆、行人、路边设施和网络）进行通信的技术，用于提高道路安全和交通效率。

（3）交通信号控制系统：使用信号灯来控制交通流量，包括固定时间控制、感应控制和适应性控制系统。

3. 城市规划与政策

（1）城市交通规划（urban transport planning)：一个综合性的过程，涉及为城市地区制定交通和运输系统的发展与管理计划。

（2）可持续交通（sustainable transportation)：注重环境保护、公平社会和经济可行性的交通方式。

（3）交通需求管理（traffic demand management，TDM）：旨在通过各种措施减少私人车辆使用，促进公共交通和非机动交通方式。

4. 创新技术与概念

（1）共享经济（sharing economy）：基于共享访问个人资产或服务的经济模式，例如共享单车，如城市的小黄车、小蓝车，或是共享汽车，像大家经常用的打车软件 Uber、滴滴等等都是这一模式。

（2）多模式交通平台（multimodal transportation platform）：集成不同交通模式（如公交、地铁、出租车和共享单车）的信息和服务，提供一站式出行解决方案。

（3）电动道路（Charging Highway）：为电动汽车等设备提供在其行驶过程中充电的道路。

Y老师的思考题

1. 是否应该在城市中全面推广电动汽车？

查理：

当然应该！电动汽车环保，几乎不排放污染物，是打造绿色城市的关键。

王小美：

不一定。电动汽车虽好，但我们还需要考虑其电池的环境影响和充电基础设施的建设成本。

2. 共享单车对城市是利还是弊？

查理：

是利。共享单车提供了一种便捷、环保的出行方式，减少了对私人汽车的依赖。

王小美：

有弊。如果管理不善，随处乱停的共享单车会占用公共空间，影响城市秩序。

3. 公共交通是否应该完全免费？

查理：

绝对应该，这样可以鼓励更多人使用公共交通，减少私家车的使用，缓解交通拥堵。

王小美：

不应该。免费可能会导致公共资源的过度使用和浪费，维护一个高质量的公共交通系统需要资金支持。

4. 城市中是否应该限制私家车的使用？

查理：

应该。限制私家车可以减少交通拥堵和污染，促进公共交通和非机动交通工具的使用。

王小美：

不应该过度限制。私家车在提供便利的同时，对于某些人来说是必需的，应该寻找平衡点。

5. 共享单车和电动滑板车是不是城市交通的未来？

查理：

是的，它们灵活便捷，对解决"最后一公里"的问题非常有效。

王小美：

不全是。虽然它们方便，但安全问题、管理难度和城市美观也需要考虑。

6. 城市是否应该建设更多的自行车道？

查理：

当然，这不仅能鼓励人们骑行，还能提供更安全的环境，促进健康生活方式。

王小美：

不一定。在有限的城市空间内，应该综合考虑各种交通方式的需求，合理规划。

7. 城市交通是否应该更加侧重于环保？

查理：

当然，环保是我们所有人的责任，城市交通作为大气污染的主要来源之一，应当采取行动。

王小美：

虽然环保重要，但我们也需要考虑成本和现实可行性，不能一味追求环保而忽视其他因素。

44

一起动手吧

1. 交通方式对比

选择两种不同的交通方式（例如公交和自行车）从家到学校（或任一地点），记录所需时间、成本和观察到的环境影响。

2. 城市交通观察报告

在一个交通繁忙的地点观察 30 分钟，记录不同类型的交通工具的数量，并讨论哪种交通方式最受欢迎及可能的原因。

3. 交通信号灯研究

记录不同交通信号灯的变化周期，讨论它们如何影响行人和车辆流动。

4. 公共交通日记

乘坐公共交通工具（公交车、地铁、轻轨等），记录旅程中的各种细节，如准时性、拥挤度、乘客行为等，并提出改善建议。

5. 电动出行

研究下你所在城市的电动交通工具类型（如电动汽车、电动滑板车、电动自行车），并收集它们在环保、便捷性和能耗方面的优缺点，整理你的发现。

6. 交通规则小专家

学习关于行人和非机动车辆的交通规则，并制作一份指南或海报来跟小伙伴分享。

7. 绿色出行周

组织一次"绿色出行周"，鼓励家人和朋友尽可能使用环保的交通方式出行，记录并分享这一周的经历和感受。

联系 Y 老师

同学们，上面的思考题和动手题，Y 老师都希望你可以想一想试一试，如果你有什么好的想法，或者遇到什么困难，也欢迎你随时联系 Y 老师。

我在这里等你哦：公众号"少年 AI 漫游指南"

邮箱地址：AskTeacherY@outlook.com

十一

物联网篇

寻物风波

———— 引子 ————

同学们，今天我们会聊一个很酷的科技领域——物联网。

现在人们的日常生活都离不开网络，聊天、玩游戏、购物、学习……网络正在从连接人与人，走向连接万物，这就是"物联网"。物联网就像一张巨大的网络，连接着各种各样的设备，包括手机、电脑、汽车、家电等等，这些设备可以通过网络彼此"对话"，为我们提供更智能、更便捷的生活体验。比如，你可以提前通过手机打开家里的空调，让你回家时有一个舒适的环境，或者安排自动喂食机投喂家里的狗狗猫猫，智能马桶可以分析你的身体健康状况，还可以把数据回传给医院。

　　作为全球互联网最发达的地区之一，中国的物流网技术的发展也可谓是风起云涌。不仅在传统制造业和家庭应用中大有建树，在智慧城市、智慧农业、智能交通、工业自动化等领域也取得了令人瞩目的成就。从工业互联网到 5G 应用，物联网正在深入各个领域，显示着中国科技实力的不断提升。

　　在这个万物互联的时代，这次滨海市科技大赛主题直击物联网，同学们从学习生活中的点点滴滴出发，创意百出。但是，比赛之外却有一抹诡异的黑色，让 Y 老师隐隐不安。

寻物小风波

阳光在树荫下印出点点光斑，空气里虽然透着微热，但在树荫的遮蔽下也迅速地褪去，凉风吹来，让人感到一阵清爽。

春末夏初的校园里，马大虎、刘星星和查理正在树荫下吃着各自的午餐，王小飞则是看着一本刚从图书馆里借来的书。

"我跟你们说，本人今天亲身体验了一把高科技！"马大虎一边大口咬着三明治一边说道。

"啥高科技啊，说来听听？"查理把手里的卷饼吃完，又拿起了一个。

"就是这个！"马大虎抬手展示了一下自己手腕上的智能手表。

"这个我也有啊，"刘星星一边吃着汉堡包，一边说。

马大虎连连摇头："不一样，不一样，我这个有 NFC 付款功能。"

"NFC？有啥用？"刘星星问道。

"这个太方便了，我现在都不用扫码了，买了东西，只要用这个碰一下，就付款成功了，是不是很方便？"马大虎比画着。

"切，那是说明你有钱，"查理撇撇嘴道，"没钱，不要说 NFC，就是 NBA 也没用！"

没等马大虎反驳，王小飞插了一句："NFC 确实方便，现在图书馆借书，拿着书直接走，都不用专门去扫。"

"这么强大的吗？"刘星星有点惊讶，"不怕有人偷偷藏着书离开吗？"

"那个门的门框是个探测仪，只要扫描到有书，就会登记到你的学生卡上，超过数量，或者拿了不能外借的书就会报警。"王小飞解释道。

"是这样啊，你怎么知道得这么清楚啊？"马大虎好奇道。

王小飞平静地合上正在看的书，展示了一下封面，书名是《连通万物——物联网改变世界》。

嗯，果然很王小飞！"不明觉厉"，飞哥威武，几人伸出大拇指。

马大虎手表的闹钟响了，他按停了闹钟："差不多上课了，咱们回去吧。"

其他几人也吃好了，纷纷起身，收拾了垃圾，准备等会儿路上扔掉。

棉花糖学校的校园绿树如茵，干净整洁，大家都很爱护校园环境。

突然，马大虎神色一变，着急地在身上摸了起来："唉？怎么回事？去哪儿了？"

查理："找什么呢？"

"我的学生卡啊，还有钥匙。我记得明明在裤兜里装着的！怎么不见了！"马大虎着急地把身上所有能装东西的地方都翻了一遍，还是没找到。

我的学生卡和钥匙哪去了？

马大虎着急地在树下来回寻找，其他人也帮忙在周围找了起来，却一无所获。

"惨了惨了，这可怎么办！"

"别着急，你先回忆一下，最后一次在哪里见到？"王小飞遇事冷静，总是能一下子找到问题的关键。

马大虎努力回忆道："好像刚才在小卖部，我还拿出来刷过……"

"那咱们先去小卖部找找，走，赶紧吧！"查理果然是真兄弟，拉着马大虎就走。

正在这时，王小美和杨小鹰从不远处走来。

王小美脸上带着笑意："快上课了，你们这是要干吗去啊？"

"马大虎的学生卡和钥匙都丢了，我们去帮他找！"查理简单地回应了一下，就准备快步离开。

53

"马大虎，你真的是个大头虎啊，太马虎了……"王小美笑着说。

杨小鹰也跟着笑道："果然人如其名……"

马大虎心里着急，没心情跟两人斗嘴，低头就要离开。

谁知王小美不知从哪里变出一个卡夹，上面还拴着两把钥匙，摇了摇开心地说："这是谁的哇？"

马大虎眼睛一亮，赶紧去拿。

谁知王小美把手一撤，马大虎没拿到。王小美笑道："先说说怎么感谢我们吧！"杨小鹰也跟着附和道："对啊对啊。"

"请你们吃冰激凌，还不行吗？"大虎一边说着，一边作揖。原来，王小美和杨小鹰刚才也去了小卖部买东西，一眼就看到小卖部的书报摊上放着学生卡，上面还有马大虎的大头像。

"马大虎，你以后可不能这么大意了。"王小美不再逗他，把学生卡和钥匙还给大虎，还认真地提醒道。

马大虎不好意思地挠挠头："行，我以后一定加倍注意。"

刘星星也提醒道："是啊，这次多亏了王小美她们，不然估计你回家都进不了门了吧？"

查理这时也道："找东西真心头疼。别说丢外面了，就算在家里，有时候也是越急越找不着。"

王小飞这时也表示深有同感："你们是不知道

近视的人找眼镜的痛苦。"

众人同情地看向王小飞，正想表示安慰。

谁知道王小美立刻拆台："我们家可是五副备用眼镜。"

众人纷纷表达敬意，这才是"神仙操作"。

王小飞平静地推了推眼镜框："有备无患嘛……"

物联网技术创新大赛

下午放学后，几人来到科学活动室。马大虎虽然人很马虎，但非常仗义，答应的事绝不含糊，而且人人有份，人手一支冰激凌。

正当大家欢乐地吃着冰激凌聊着天时，Y老师推门而入。

没有废话，Y老师直奔主题："滨海市教育局发了通知，要举办物联网科技创新大赛……"

"不会又是方案大赛吧？"查理问道。作为滨海科技大赛的常胜将军，多次练兵，棉花糖学校的同学们需要的成就感不能止步于方案策划。

Y老师微微一笑，立刻懂了大家的关注点，"这次需要制作出产品或者应用。如果是不适合移动的大型应用，可以用模型的方式来展示。"Y老师回答道。

耶！所有人欢呼了起来。

突然，王小美问道："Y老师，什么是物联网啊！"

"物联网就是NFC！"刘星星抢答。

"物联网是图书馆借书！"查理也抢答道。

Y老师笑道："不准确。NFC是物联网的一种技术，图书馆借书是物联网的一个应用场景。但是，这些都不能说明什么才是物联网。"

"小飞知道，他刚才还在看一本什么什么物联网的书。"马大虎得意地指着王小飞，仿佛是说出了正确答案一般。

王小飞觉得有点好笑，补充道："是《连通万物——物联网改变世界》。"大虎听完猛点头："对对，就是这个。"

Y老师满意地看看王小飞，给了一个"你来说说"的眼神，王小飞也不含糊："物联网就是internet of things，简称 IoT。它是指物品之间相互连接、传递信息的网络。现在的互联网，可以称为人联网。因为它的目的是建立人和人之间的联系。物联网则不同，它的目标是要建立物和物之间的联系。因为物品比人的数量要多很多，所以，物联网未来的规模会远大于现在的互联网。"

王小飞把刚学到的物联网知识一股脑地说了

出来，结果收获的是五个充满问号的脸。

确实，物联网的概念太抽象了，同学们理解起来很不容易。所谓百闻不如一见，还是老办法，Y老师决定带着大家前往滨海市会展中心，参观物联网产业博览会。

58

物联网产业博览会

趁着周末，Y老师带着大家来到滨海市会展中心。

这次的国际物联网产业博览会汇集了全球顶尖的物联网企业，他们带来了各自的最新技术和产品。

博览会的门口有整个会场的布展图。今年的

物联网产业博览会按照应用场景划分为八大展区，分别是智能家居与建筑、健康与可穿戴设备、智能交通与车联网、工业互联网、智能城市、农业与环境监测、能源与电力管理、文化娱乐。

"原来这么多地方都有物联网啊！"大家纷纷惊呼起来。

Y老师却摇摇头说："这只不过是冰山一角，事实上真正的万物互联的应用场景比这里展示的还要多很多。"

这次的博览会展示实在太多，考虑到时间所限，简单的商议后，大家决定先重点参观智能家居与建筑、健康与可穿戴设备和文化娱乐这三个部分，毕竟这三个部分和大家的生活息息相关，容易理解。

大家首先来到的是智能家居与建筑展区，这个展区的展台都被布置成了各种不同的房间。

在这里可以用语音来控制灯光、电视、音响

59

和空调，可以一键启动各种预先设计好的家居模式，可以自动照顾家中的宠物，还可以监测家里的空气质量，随时确保空气清洁，简直太强大了。

"智能窗帘、智能空调、智能换气、智能电视、智能冰箱、智能鱼缸、智能照明、智能门锁、智能摄像头……"刘星星一个个地看过来，突然，他发现了一个有趣的玩意儿："智能马桶？！"

刘星星用手指着那个智能马桶，回头招呼其他人："快看，这里有一个智能马桶诶！"

这么一指不要紧，马桶盖居然悄无声息地打开了！

这可把刘星星吓了一跳，赶紧收回手。那个马桶盖又迅速地合上了。

刘星星像发现了新大陆，不断地伸手，缩手。那个马桶盖就这么打开，合上。

见查理走过来，刘星星一边演示，一边说道：

"看，是不是很好玩？！"

查理看了一眼，嫌弃道："我看是你太傻吧，对着马桶玩得那么开心。"

王小飞走过来，看了看说明："确实不错，这个马桶除了感应开关，还有自动清洁、坐垫自动加热功能。虽然说原理很简单，但是应用得确实很高明。"

Y老师这时也走了过来："技术并不是总是要追求难度，用简单的技术同样可以给我们的生活带来很多便利。"

离开了智能家居与建筑展区，一行人又来到了健康与可穿戴设备的展区。在这个展区里展示的都是各种智能手表、手环、耳机等。这些设备可以辅助人们工作、完成无接触支付、监控身体的各项指标，还能通过定位追踪等功能保障使用者的人身安全。

几人拿着各式各样的可穿戴设备玩得不亦乐

乎，都觉得非常神奇。

突然，马大虎招呼几个男生赶紧过来："我发现好东西了，快过来！"

几人走过去一看，居然是一款智能球鞋！

"智能球鞋？"刘星星疑惑道："难道是柯南那种，可以一脚踢飞坏蛋的鞋子吗？"

"想什么呢！"马大虎不满道，"这个可是实打实的高科技产品。你看这个介绍，可以追踪你的运动量，可以分析你的跑步姿态，然后帮你改善跑步技巧，这个很厉害吧！"

查理点点头说："厉害！这里还有一个自适应减震，可以根据运动强度和地面的条件自动调节鞋底的硬度！太神奇了吧！"

马大虎这时已经按捺不住了，立刻被这款鞋子"种草"了，他已经开始想象自己穿上这款智能鞋子的样子有多帅了。

他赶忙跑过去问展台的工作人员鞋子的价格。

"这款目前还在研发中，具体的发售时间还没有确定。"工作人员略带歉意地说，"你可以留意我们的官网，一有消息我们会第一时间发布的。"

没办法，马大虎只好拿着一份宣传单依依不舍地离开了这个展区。

不过，很快他的情绪就又被调动了起来。因为大家来到了最激动人心的文化娱乐展区，这个展区展示的是物联网在文化、教育和娱乐方面的最新应用。

譬如，最新的智能博物馆不但可以自动为参观者提供解说和背景故事的展示，还能够根据参观者的年龄提供相对应的解说风格，十分贴心。

在体育领域，物联网技术的应用也非常广泛，可以提供更加准确的电子裁判功能，可以调动更多无人机拍摄多角度的现场画面，让体育比赛更加精彩。不但如此，专业的教练团队还利用物联网技术实时追踪运动员的训练数据和身体情况，制定更加合理和高效的训练方式，提高运动员的竞技水平。

更让大家感到有趣的是影视游戏制作中动作捕捉系统，简称动捕系统。动捕系统在演员身上放置很多运动追踪器，可以实时记录下演员的动作，甚至他们的表情。

此时，动捕系统的展台正开放让参观者体验，于是，马大虎同学就自告奋勇地当了一回动作捕捉演员。

马大虎在工作人员的辅助下穿戴好了所有的装备，头上还戴了一个有高清摄像头的支架，用来捕捉面部表情。

"马大虎，笑一个！"

"摆一个最帅的造型！"

"马大虎，跳个舞来看看！"

......

同伴们在展台下大声地提着要求。马大虎也不抗拒，一会儿做着鬼脸，一会儿手舞足蹈。而展台的大屏幕上则显示一个憨态可掬的大熊猫做着跟马大虎一样的动作表情，简直有趣极了，逗得周围的观众哈哈大笑起来。

快乐的时光总是过得很快，一天的参观时间很快就结束了。

回去的路上，大家热烈地讨论着今天的收获。然而，到底要做出一个怎样的物联网应用，大家依然没太多头绪。不过，经过这次的参观，大家对于物联网有了真切的感受，决心一定要做出一个既实用且有趣的应用来。

棉花糖学校的同学们紧锣密鼓地准备着他们的物联网应用，而比赛日也飞速到来。

物联网创新大赛

66

比赛的场地设在了新的滨海国际会议中心。这个会议中心刚建成不久，还在调试之中。据说，不久之后会在这里举办一场高规格的国际高科技峰会，全球顶尖的技术大牛、科研大佬和企业家们会在这里展开交流。

而今天的物联网大赛则是这个场地正式投入使用之前的试运行。

比赛是在会议中心的主会议厅举行的，这里

的布置类似一个电影院，非常便于演讲和展示。

　　Y 老师带着一行人走进会议厅，这时迎面走来一个身穿黑色风衣的男子，戴着墨镜和口罩，似乎在找座位。见到 Y 老师他们过来，这个人还点头示意。

　　两人擦肩而过，Y 老师微微蹙眉。有种似曾相识的熟悉感，但 Y 老师却又想不起来到底是谁。

　　那人则找了一个比较靠后、临近出口的位置坐下了。不过黑风衣装扮太显眼，又戴着墨镜和口罩，远远望过去也是一个"显眼包"。

　　看看时间差不多，Y 老师他们也赶紧找到自己的位置坐好。

　　比赛很快开始，首先出场的是奋进学校。

　　尤大志走上讲台，将一块电子表一样的物品展示给评委："今天我们的参赛项目是校园智能手表。"

　　说罢，他打开展示用的 PPT，开始了介绍。

"这款手表除了拥有定位追踪、一键紧急求助、上课智能锁屏、身体健康指标监控等常规功能外，还拥有两个非常实用的校园功能。"

尤大志说着将画面切换到手表的操作界面上。

"首先，这个校园智能手表与校内的图书馆、食堂、体育器材室等地方的系统相连，通过集成的 NFC 等功能，这个手表可以很方便地借书、点餐、借出体育器材等，真正实现智能化的校园生活体验。"

经历了数次科技大赛的锻炼，奋进学校的同学们都进步神速，尤其是尤大志。再也不是一上台就紧张到说话结巴的书呆子了，现在现场演示的发言自信流畅。

评委们听到他的介绍，纷纷点头。

其实，物联网技术的实现不难，难的是如何找准应用场景，打造出适合用户使用的物联网功能，奋进学校的校园智能手表已经深谙其中的道理。

"其次，我们的校园智能手表还跟学校的教学系统紧密结合。同学们可以在这里查阅课表、作业，追踪自己的学习成绩。智能手表还可以设置学习目标，譬如每天需要背多少单词，做多少练习等。智能手表可以随时提醒同学们还有多少学习任务没有完成，提高同学们的学习成绩。"尤大志继续说道。

"不过，为啥奋进学校这些人就连参加科技大赛，还三句话不离作业啊，练习啊，成绩啊，也太无聊了吧。我一点也不想要一块这样的智能手表！跟坐牢似的……"马大虎在座位上小声地吐槽。

查理点点头："是啊，这不是自己坑自己吗。不过，大人们的想法可不一样……你看。"查理冲着评委席抬了抬下巴，示意马大虎。

马大虎抬头一看，评委们正在纷纷点头，而且他们给出的分数说明了他们的态度。

王小飞则平静道："抛开其他不说，智能手表与校园的智能设备集成，确实是一个不错的想法。"

接下来的参赛项目在奋进学校的智能手表的衬托下，显得平平无奇，毫无新意。

很快，就到了顶峰学校的演示，史蒂芬·赵走上了讲台。

"我们的物联网应用是智能教室，"史蒂芬·赵继续说道，"为了能够直观地让大家理解这个设计，我们将这个智能教室用模型的方式来展示。"

顶峰学校的同学们在场地中央的展示区域摆放了一个精美的教室模型，还贴心地把其中一部分墙体和天花板去掉，这样一来，其他人就可以看到教室内部的情况了。

"我们的智能教室拥有全新的互动智能黑板、智能环境控制、智能考勤系统、智能健康跟踪系统，同时，我们还集成了 VR 教学支持系统，让学习更加有趣。"史蒂芬·赵一直是演讲的高手，站在台上有股风度翩翩的自信。

这个智能教室的物联网功能确实很齐全也很强大，譬如智能环境调节就是可以根据室内的温度、湿度、光线、空气质量等因素，自动调节教室里的空调、排风、窗帘、照明等设备，让室内环境可以保持在最适合学习的状态。

又比如智能考勤系统可以根据面部识别技术自动记录学生的出勤情况，根本用不着老师点名，省去不少时间。

听到这里马大虎又开始坐不住了，暗自腹诽为啥你们搞个高科技非要坑自己人啊？我太难了！以后逃个课都不容易。

不过，史蒂芬·赵似乎没有接收到马大虎内心的抗议，继续侃侃而谈，这个系统还能随时跟踪每个学生的身体姿态和表情，评估学生的课堂参与度和兴趣度。课后可以把这些数据反馈给老师，让他们更好地改进教学方案。

"为了让大家对这个功能有直观的了解，在我开始展示后，就已经对这个会场的所有人进行了参与度的监测。"史蒂芬·赵微微一笑，"目前对我的演讲感兴趣的人大约为总体人数的63.5%。"

听到这里，大家都被震惊了，这也太强大了吧！

"这个比例超过了一半，还是相当不错的数据。"史蒂芬·赵说起来带着点小得意。

可是这边厢，马大虎却更加郁闷起来："什么嘛，以后上课连发个呆都不行了，这也太狠了……"马大虎在下面嘟囔道，有种人为刀俎，我为鱼肉的无助。

"我觉得还行。"王小飞平静道。

如果这样，以后上课就不能溜号了

73

马大虎两根眉毛都快飞起来了："就这，还行？学霸，你别逗了。这么让人整天盯着，多不自在啊！"

王小飞扭头认真道："没什么，只要你考试成绩好，发呆就只能证明老师讲的内容太简单。只要你成绩够好，尴尬的就是老师。"

这下子可把马大虎给噎住了，只有竖起大拇指："算你狠！"

王小飞还是一脸平静地对大家道："都准备准备吧，很快就到咱们了。"

棉花糖学校：帮你解决一切烦恼的"小叮当"

今天负责讲解的依然是王小飞。

王小飞来到讲台："各位评委，各位老师，各位同学，我相信在平时的生活中，咱们都会碰到一个很尴尬的情况，那就是找东西。特别是一些重要的小型物品，找起来更是费时费力。为了解决这个问题，我们开发了这个帮助大家方便找东西的应用。这个应用的名字叫作'小叮当'，因为我们希望这款应用像是无所不能的哆啦A梦一样，在你身边总能帮你解决麻烦。"

王小飞的介绍让大家眼前一亮，很快吸引了现场的所有人，毕竟，找东西确实是最常见的需求，特别是小东西，常常是越着急越找不到。

"切，这就 70% 了，一群没鉴赏力的家伙。"史蒂芬·赵看着手上平板电脑显示的参与度的实时监测数据，不满道。

"这个应用非常简单，分为三个部分：一个用来寻找物品的手机，一个与物品相连的回应器和三个分布在空间的定位器。"

看到大家还不是很理解，王小飞微微一笑："我们就来现场展示一下'小叮当'的神奇之处。我们已经在这个会场布置了三个定位器，分别在我的身后和会议厅后面的两个角落。现在我这里有一把安装了回应器的钥匙。我想请现场的一位同学来帮忙做一下这个演示，把这把钥匙藏起来。"

史蒂芬·赵立刻举手："我来，我来！"

他必须亲自操作，杜绝棉花糖学校作弊的可能性！

只见他迅速跑上台，从王小飞手里拿到钥匙，然后，小跑着下了台。这个钥匙连着一个拇指大的钥匙扣一样的东西，上面有一个很小的指示灯，不时有规律地闪着红光。

王小飞此时也背过身去，不去看史蒂芬·赵的动作。

史蒂芬·赵确定王小飞没看自己了，就跑到会议厅左后边的一个角落蹲下摆弄了一会儿。然后他若无其事地起身，向着自己的座位走去。在他经过尤大志身边的时候，很不经意地把还藏在手里的钥匙交给了尤大志。

这样一来，就没人知道钥匙的真正位置了。虽然王小飞没看到，但是其他棉花糖学校的人可没有蒙上眼睛。谁知道他们会不会通风报信！必须防一手。

尤大志瞬间心领神会，神色自然地把钥匙放进了身边的一个背包里。

史蒂芬·赵此时大声道："藏好了！"

王小飞也转过身，然后打开手机里的寻物

APP。在点击寻物后，手机上显示出一个范围。此时王小飞的手机已经与大屏幕相连，全场都能看到手机的画面。

王小飞根据画面的指示开始行动，只见他下了讲台后，慢慢向会议厅的后方走去，并且不断地调整方向，距离左后方越来越远。很多观众都以为钥匙是藏在左后方的角落，纷纷发出惋惜的讨论声，只有史蒂芬·赵的神色越来越紧张。

王小飞根据信号来到尤大志座位的附近，然后慢慢地走了过去。史蒂芬·赵的手攥得越来越紧，心里默默祈祷千万别找到。

王小飞果然越过了尤大志，往前走去。史蒂芬·赵和尤大志对视一眼，松了口气。

谁知道还没过两秒钟，王小飞就转身径直走到尤大志身边，然后俯下身去左右寻找。最后，他定位到了尤大志身边的背包："尤同学，麻烦打开一下，钥匙在这里！"

这时，全场观众都懵了，错得这么离谱的吗？错得这么理直气壮的吗？

谁知道，在全场的哗然中，尤大志从背包里拿出了那把钥匙！

惊不惊喜，意不意外？！全场爆发出一阵欢呼和掌声。

随着王小飞的介绍，大家很快就理解了这个系统的原理。而且，其实非常简单。

当寻找物品的时候，人们只需要打开手上的探测器，探测器就会让定位器发出信号。而接收到呼叫信号的回应器会在第一时间反馈回应信号。这时，探测器接收到定位器转发的回应信号，并通过对回应信号强弱的综合分析，得出物品所在的大致方位。手持探测器的人，只需要根据探测器指示的方位移动，就能很快找到物品了。

"三角定位，简单有效。"坐在最后方的黑衣男子低声道，"不愧是名师出高徒啊！真有你的，永正！"

似是察觉到有人看向自己，Y老师猛然回头，却发现那个位置空无一人。

79

黑暗中的谋划

大赛结束了，这次比赛棉花糖学校无可争议地获得第一。他们的成果有着一以贯之的棉花糖学校风格——简洁、实用、直击关键问题。不过，奋进学校的校园智能手表的表现也相当亮眼，获得了并列第一。至于顶峰学校只能屈居第三了。

"想不到居然输给这么简单的设计……"史蒂芬·赵一个人坐在座位上，懊恼不已。

这时，查理、马大虎和刘星星来到他的身边，查理拍了拍史蒂芬·赵道："这咋还 emo 上了？"

"别垂头丧气的，走，'吃鸡'去！"马大虎拿出手机扬了扬。

刘星星顺手拿起史蒂芬·赵的背包塞到他的怀里："走吧！"

"哼，也好，让你们见识一下狙神的厉害！"史蒂芬·赵站起身，"我现在可是指哪打哪儿！"

"正好，带上我，带上我。"尤大志不知道什么时候也跑了过来。

"你来干吗？！"史蒂芬·赵不屑道，"就知道说。"

"能赢就行！"尤大志嘿嘿一笑，也不生气。

提到这个，史蒂芬·赵更是气不打一处来："来来来，咱们先 PK 一把！"

……

几个男生就这样打打闹闹地走远了。

Y 老师看着他们的背影，微微一笑，也许这才是青春该有的样子吧。

会场外的一个角落，那个黑衣人正在用手机与同伴联系。

"准备好了吗？"黑衣人问道。

一个慵懒的女声答道："全部搞定了！"

82

　　"不要留下任何死角，必须控制所有系统，这次的机会难得，不容有失！"黑衣人声音冷漠。

　　"不放心吗？"女声咯咯笑道，"随时欢迎检查！"

　　"不要开玩笑！"黑衣人打断了她。

　　"放心吧，不会出岔子的。"女声也恢复了慵懒，"倒是你，干吗对一群小崽子的事情这么上心？"

　　"上心说不上，反正事情你都能弄好，也用不着我，放松一下而已。"黑衣人道，"只不过那人当天也会来，还是要留意一下。"

"不用解释了，我可不想听你们之间的那些陈芝麻烂谷子的事儿，先撤了，拜！"女生说罢就挂断了电话。

黑衣人转头正看到 Y 老师和棉花糖学校的同学们离开，他嘴角微勾，邪魅一笑："看看这次你怎么阻止我！"

1978年

美国国防部组织召开分布式传感器网络研讨会,为物联网的发展奠定了基础。

1991年

美国施乐公司首席技术专家马克·维瑟提出"普适计算"的概念,物联网发展第二个阶段——个体感知阶段开始。

1999年

麻省理工学院凯文·阿什顿提出了"物联网"这一术语。

2011年

IPv6的推出为物联网提供了足够的IP地址,解决了设备互联的一个主要技术障碍。

2014年

G NEST

Google收购了智能家居公司 Nest Labs,这一事件被视为物联网商业化里程碑。

2015年

中国发布了"互联网+"行动计划,物联网被纳入国家信息化发展战略。

2000年代早期

RFID技术开始被广泛应用于供应链管理,为物联网的发展奠定了基础。

2008年

IBM提出"智慧的地球"概念,简单来说就是"互联网 + 物联网 = 智慧地球"。

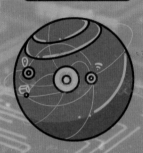

2008—2009年

互联网连接的设备数量首次超过了地球上的人口。

2017年

中国政府发布了《新一代人工智能发展规划》,明确提出要推动人工智能与物联网的深度融合。

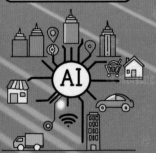

2018年

中国的华为、中兴通讯等企业在全球物联网和5G领域展开广泛合作。

5G

2023年

中国5G基站总数达337.7万个,全国行政村通5G比例超80%,窄带物联网规模已经全球最大。

杨小鹰的物联网发展简史

王小飞的学习笔记

1. 物联网（internet of things，IoT）

物联网就是让日常设备像智能手表、冰箱、路灯甚至是卫星都能通过互联网连接并交流。这些设备能自动发送信息和接收指令，而我们人类只需要旁观它们的"表演"。

物联网的好处不仅仅是让生活更舒适。它还可以帮助节约资源，例如，通过智能灌溉系统仅在必要时浇水，或者通过智能电网优化电力使用，从而节省能源。

所以，物联网基本上就是让日常物品变得更"聪明"，让它们能自行解决问题，同时也让我们的生活变得更便利和高效。

当然，物联网也面临一些挑战，比如如何防止设备被黑客攻击，以及如何安全处理和保护收集的海量数据。

2. 传感器（sensor）

传感器就像是设备的感官，可以帮助它们"看"到世界、"听"到声音，甚至是"闻"到气味。这些小巧的技术奇迹被安装在各种设备中，用来收集信息，比如温度、光线、压力等。

比如说，当你走进一个房间，灯自动亮了。这是因为灯具的传感器检测到了你的移动，然后执行一个开灯的操作，灯光就随着你的进入而亮起。

在更复杂的场合，比如在工厂，传感器可以监测机器的运行状态，确保一切正常工作，并及时报告任何异常情况。这样，就可以避免故障发生，确保生产顺利进行。

传感器不仅能使生活更便捷，还能提高安全性。比如汽车上的传感器，它们可以检测车辆周围的环境，帮助预防碰撞，让驾驶更安全。

总之，传感器可以帮助设备理解自身和环境的状态。可以说，传感器就是物联网的灵魂。

3. 射频识别技术（radio frequency identification，RFID）

射频识别技术是一种让物体能被自动识别和跟踪的技术。RFID 就是给每个物品一个独特的"电子标签"，这样就可以通过无线电波将物品识别出来。

RFID 系统主要由两部分组成：一个是 RFID 标签，它是放在物品上的小芯片，里面存有信息；另一个是 RFID 读取器，它可以读取标签信息而不需要和标签物理接触。超市可以不用扫描每件商品的条形码，只需要让你的购物车从读取器前面经过，就能知道你买了什么。

这项技术在很多场合都非常有用。比如，在

零售业，RFID 可以帮助商家更准确地管理库存；在航空业，用 RFID 跟踪行李，可以减少行李丢失的情况；而在票务系统，RFID 使得进出场馆更快更安全。

4. 短距离通信（short-range communications）

短距离通信指的是在较小的物理范围内，设备之间进行数据交换的技术。这类通信技术让设备能够在几十米的距离内"交流"，并且通常不需要使用网络数据，非常方便和高效。

常见的短距离通信技术包括蓝牙、NFC（近场通信）和 Wi-Fi direct 等。这些技术各有其特点和优势，但它们都有一个共同的目标：让设备能够轻松快速地连接和交换信息。

例如，蓝牙可能是最广为人知的短距离通信方式之一。它允许设备如手机、耳机、扬声器等在大约 10 米的范围内互联互通。NFC 则专注于非常近的距离——通常是几厘米。它常用于支付和快速连接设备。例如，用手机在 POS 机上轻触一下，就可以完成支付。

短距离通信能够让许多设备既保持了各自的独立又能高效地协作。

5. 边缘计算（edge computing）

边缘计算是一种处理数据的方式，它将数据处理任务从中心服务器转移到离数据源更近的地方，例如智能手机、传感器或者本地计算机上。这样做的目的是减少数据传输的距离，从而加快响应速度并减少带宽的使用。

在实际应用中，边缘计算用于各种场合，特别是在需要快速决策的场景，比如自动驾驶。而物联网也是边缘计算的一个重要应用领域。比如智能家居系统，通过在家庭内部处理数据，智能设备如灯光和温控系统可以更快地响应用户的命令，提高整个系统的效率。

总的来说，边缘计算让数据处理在更靠近数据产生的地方进行，使得系统反应更快，也更节省网络资源。

6. 可穿戴设备（wearable devices）

可穿戴设备，顾名思义，是那些你可以穿戴在身上的技术装备，如智能手表、健康监测手环，甚至是智能眼镜和智能衣服。这些设备通过各种传感器与你的身体直接互动，收集健康和活动数据，或者提供智能手机的某些功能，让你的生活更加便捷。

Y 老师的思考题

1. 物联网设备能否完全替代人类完成所有家务活？

查理：

当然可以！有了物联网，我们可以让机器人做饭、清扫，甚至照顾宠物，人类可以有更多时间做自己喜欢的事情。

王小美：

不可能！虽然物联网设备可以帮助我们完成很多事情，但它们缺乏人类的创造性和情感，有些事情机器是做不到的。

2. 物联网设备收集的数据是否会威胁到我们的隐私安全?

查理:

不会的,收集数据是为了提供更好的服务,只要合理管理和使用,就不会有问题。

王小美:

当然会。如果数据管理不当,就有可能泄露我们的个人信息,给我们带来麻烦。

3. 物联网设备能否帮助减少环境污染?

查理:

当然可以,物联网设备能监测和管理能源使用,优化城市的交通流量,减少浪费和污染。

王小美:

我怀疑。制造这些设备也会消耗资源和产生污染,如果不合理使用,可能会加剧环境问题。

4. 物联网能否帮助人们更好地理解和照顾自己的健康?

查理:

肯定的,通过监测心率、睡眠等数据,我们可以更好地了解自己的身体状况,做出健康的生活选择。

王小美:

可能不行。过度依赖设备可能会让我们忽略了身体的自然信号,反而不利于健康。

一起动手吧

1. 研究智能交通系统对城市交通的影响

调查本地交通管理部门,收集关于智能交通系统(如智能交通灯、电子路牌)的信息,分析其对缓解交通拥堵、提高行车安全的作用。

2. 设计一个智能校园方案

给你的学校设计一套智能校园方案，思考校园生活的方方面面（如图书馆、训练场、教室的智能化管理，以及安全监控系统等）如何通过智能系统高效协作。

3. 探讨物联网在环保中的应用

收集资料，了解物联网技术如何用于监测和改善环境（如空气质量监测、智能垃圾分类），并撰写报告或发表演讲。

4. 制定智能节能方案

为家庭或学校设计一套节能方案，使用物联网技术监测和管理能源使用，如智能照明系统、能源消耗监测系统。

5. 探索物联网在老年人生活中的应用

调查物联网技术如何帮助老年人更安全、更舒适地生活，如穿戴式健康监测设备和紧急求助系统。

6. 温度控制的小温室

建立一个小型温室，并安装温度传感器和一个小风扇。设计一个系统，当温室内温度过高时，自动打开风扇降温。

联系 Y 老师

同学们，上面的思考题和动手题，Y 老师都希望你可以想一想试一试，如果你有什么好的想法，或者遇到什么困难，也欢迎你随时联系 Y 老师。

我在这里等你哦：公众号"少年 AI 漫游指南"

邮箱地址：AskTeacherY@outlook.com

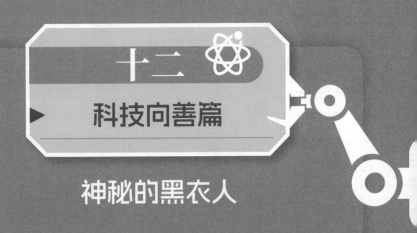

十二

科技向善篇

神秘的黑衣人

引子

在科技飞速发展的今天，人们享受着科技进步带来的便利和乐趣。但要知道，科技不单能提高人类福祉，也可能造成伤害和灾难。就如大名鼎鼎的化学家诺贝尔发明了"炸药"，对欧洲工业革命产生了深远的影响，同时也引发了环境和社会问题，更成为战争中带来大规模伤亡的残酷武器。

所以，科技如一把双刃剑，既能载舟亦能覆舟。在科技高速发展的当下，由于科技应用所引发的伦理和道德问题，也同样值得高度关注。例如，人脸识别技术大大地提升了安全性和便捷性，但也可能侵犯个人隐私；基因编辑技术在医学、农业等领域具有巨大的潜力，但也有被滥用的风险；电信技术让人类的沟通变得非常方便，但现在也成了诈骗频发的渠道……

　　因此，如何让科技发展以人为本，符合社会公共利益，是科技进步的首要原则，这就是现在常说的"科技向善"。在当下中国，政府和科技界越来越重视科技向善的理念，通过制定政策和规范科技发展，保障科技应用的安全和可持续性。

　　作为未来的科技创新者，同学们请记住：无论技术怎样进步，坚守"不作恶"始终是我们最基本的价值观。这不，滨海学校三巨头的同学们也第一次直面科技之恶的挑战。

国际高科技峰会生变

滨海市国际会议中心人头攒动，滨海市国际高科技峰会今天开幕了。

滨海市非常重视这次峰会，从组织到宣传再到现场的各项服务，可以说是倾尽所能。这是一次世界级的顶尖峰会，参与这次峰会的有来自全世界的顶级科学家、技术大咖和企业家。据说，我国可控核聚变领域研究的第一人——欧阳院士也会来到现场。欧阳院士是当前最炙手可热的科学家，因为他的最新成果将把可控核聚变的应用推向一个新高潮。而来自人工智能、机器人、航空航天等领域的专家学者更是不可胜数。这些科技明星的到来，让滨海市国际高科技峰会俨然成为全球瞩目的焦点。

在会议中心的中心会议厅，名为"人工智能与人类社会转型"的高峰论坛正在进行中。

"……综上所述，可控核聚变一旦实现，将彻底解决全人类的能源问题，这将是非常令人期待的……"欧阳院士言简意赅地完成了自己的主题演讲。

欧阳院士的精彩演讲，让台下响起雷鸣般的掌声。台下许多人一边鼓掌，一边小声交流着各自的看法。

此时，Y老师有点小尴尬，他的身边有五六个空座位。每次有人过来询问的时候，Y老师总是很抱歉地告诉他们这里有人坐，很快就会回来。然而，直到演讲结束，还是空荡荡的。会议厅后面还有不少人站着听完演讲，这样的占座让Y老师很尴尬。

"真是不懂得珍惜啊……"Y老师心中轻叹一声。

欧阳院士是全球顶尖的科学家，他的演讲里有许多让人眼前一亮的观点和看法。有机会聆听这样的演讲，简直是所有科技人员的梦想。然而，这么好的机会，这群孩子却听不下去。

不过，Y老师也明白，这个年纪的孩子哪里坐得住呢？

台上此时已经开始重新布置，几张沙发围成一个弧度。看看手里的日程安排，接下来是圆桌论坛的环节。

所谓圆桌论坛，就是邀请几名业界大咖坐在一起，在主持人的引导下，就一些热点问题展开讨论。在这个阶段，台下的观众也有机会提问，是一个互动性比较强的环节。

Y老师拿出手机拨打了王小飞的电话，但大概是人员太过密集的原因，手机的信号时有时无，总是无法接通。

他又看了看手机上的时间，心中不免有一丝

不安。

这群孩子们已经跑出去 45 分钟了，也不知道情况如何。虽然峰会现场有严格的安保，但是既然 Y 老师带着孩子们出来，还是必须确保孩子们的安全。而且，他内心也隐隐有点担心峰会的安全，毕竟这群小家伙的破坏力可是跟他们的创造力有的一拼。

Y 老师本来还有几个问题想请教专家——毕竟这么多大咖聚在一起的机会也是非常难得的——但此刻也不得不拿起随身物品，起身去寻找几位学生。

走到大厅门口的时候，台上的主持人已经宣布圆桌论坛开始。Y 老师回头看了一眼主席台，又看了看刚才自己坐的位置。此时，那些座位已经坐满了人。

看来，等下要站着听了。Y 老师这么想着，离开了中心会议厅。

此时，马大虎等人正在会议中心大楼里探险呢！

他们刚把峰会的所有会场都转了一遍，尝过了所有的饮料和点心。碰到感兴趣的话题，他们就站着听一会儿，感觉没意思了，又溜到其他地方去。

这会儿，他们已经来到了二楼。这里已经不是峰会的会场，而是一些小型科技交流活动的场地，计划办一些小型的展览或者其他活动。为了配合这次峰会，主办方特意把一些房间布置成了休息间，提供给峰会的嘉宾在会议中途小憩。

这一层的工作人员不多，他们就像探险一样打开不同房间的门，看看房间里面有什么，活脱脱一群小探险家。

马大虎这时打开了一个写着"少年科技实践基地"的房门正要进去，突然听到前方一个声音响起："住手，干什么的，举起手来！"

马大虎吓得一激灵，连忙"砰"的一声把门关上，迅速解释道："我们是来参加活动的，就是到处看看，没别的意思……"

突然，"扑哧"一声，周围的人都忍不住笑了起来。马大虎觉得蹊跷，抬头一看，原来捏着鼻子装腔的居然是史蒂芬·赵，他的旁边是尤大志和伍理想。

三人这个时候也憋不住，哈哈大笑起来。

马大虎上去就用胳膊扣住史蒂芬·赵的脖子："好你个史蒂芬·赵啊，吓唬我……赶快说对不起！"

"哎哟，哎哟，"史蒂芬·赵被制住，连忙求饶，"我错了还不行吗？快松手啊！"

好一顿折腾，马大虎才堪堪放手。

几人一交流，发现都是觉得会议的内容太过枯燥，跑出来活动活动的。既然如此，两队人干脆一起活动得了。

"你们刚才有没有发现什么好玩的地方啊？"查理问道。

尤大志摇摇头："没什么好玩的，大部分地方都锁着门，能打开的，要么是休息室，要么是空房间。"

史蒂芬·赵指着面前的房间："这个你们进去过吗？"

"还没，这不刚要进去，就被你给打断了吗？！"马大虎没好气道。

"那还等什么啊！"史蒂芬·赵抢先一把推开了门。

……

国际会议中心安防中心，三名安保人员正在通过闭路电视监控着整个会议中心的情况。

一名安保人员连续敲了几下键盘，扭头道："队长，今天的闭路电视不太正常，画面很不稳定。"

队长疑惑道："不应该啊，咱们这里是全新的智能安防系统，昨天刚调试好，今天就不行了？"

那名安保队员提议道："要不，让工程部的人帮忙看一下？"

这时，敲门声响起。

队长蹙眉道："是谁？"

外面应了一声，听不大清楚。

队长打开监控一看，是刚才出门上洗手间的小李，此时他低着头，帽子还遮住了大半个脸。这个安防中心的门禁权限很高，只有使用一种特殊的同步门禁卡才能打开。

队长一边训斥，一边开门："又忘带门禁卡了吧？！你再这样，下次就别回来了！"

门刚一打开，小李就向门内倒去！

没等安保中心的三人反应过来，藏在门口附近的三个蒙面人就迅速冲进房间，将三人控制了起来。

此时，一个身穿黑色风衣，脚踩高跟鞋，戴着墨镜的女子"噔噔噔"风姿绰约地踏进了安保中心。

　　女子优雅地在一个椅子上坐了下来，说："各位辛苦了。你们把系统权限交出来，然后就可以跟小李一样休息一会儿了。"

同学们新奇发现

　　Y老师在一楼找了一圈，没瞧见几人，于是

打算坐电梯到二楼找找。电梯很快就到了，三名穿着工作人员服装的人，迅速从电梯里走了出来。打头的一人因为走得太急，肩膀重重地撞了Y老师一下。但是那人似乎浑然不觉，自顾自地往前走。倒是最后一个人见此情景，微微颔首表示歉意，然后用手扶着耳边，似乎在听着什么指令，匆匆而去。

　　Y老师蹙眉摇了摇头，走进电梯。

　　"刚才三人的表现也太不专业了。"Y老师心中吐槽道。

　　不知怎么的，Y老师总是感觉隐隐不安，那群捣蛋的孩子们还不知道去哪了。想到这里，Y老师迅速走出电梯，沿着走廊快步向前走去。

　　好在没多久，他就听到前面传来熟悉的声音。他循声而去，来到一个开了门的房间门口，往里面一看，果然是棉花糖学校的学生们，还有几个顶峰学校和奋进学校的学生。看到他们，Y老师悬着的心也放了下来。

看到 Y 老师，同学们也热情地跟 Y 老师打招呼。

"Y 老师，你看，我们找到一个特别好玩的地方！"马大虎指着房间里东西道。

Y 老师抬头看了看房间的门牌——少年科技实践基地，走进房间才发现这里其实面积很大，有足足 100 平方米的样子。房间里布置了几个操作平台，还准备了很多工具和孩子们用的科技教育套件，机器人、自动驾驶、无人机、智能家居……应有尽有。在靠墙的一面还有几台电脑和一台 3D 打印机，甚至还有一台桌面级的高精度机床。房间里还有几个柜子，里面有各种工具和元器件，这里简直可以说是科技爱好者的天堂。

此时，查理和史蒂芬·赵正一人操控着一个小机器人，准备开始一场机器人足球赛。其他人也拿着自己喜欢的套件在把玩和研究。

Y 老师看向房间的另外一边，发现有一排物品很眼熟。走近一看，居然是这些年科技比赛的获奖者作品展。

Y老师觉得这里布置得确实很好，不过还是忍不住叮嘱大家用过、玩过的东西要归位，不要弄坏了之类的，说完了忽然自嘲地笑笑，什么时候自己也变成一个唠叨的大人了。就准备回去继续听讲座了。

安防中心里，三名安保人员已经昏睡过去，被绑住扔在房间的一角。黑衣女子和她的同伙已经接管了全部的安保权限，正在操作系统。

黑衣女子拿出手机拨通了一个号码："宙斯，已经控制安防系统，一切准备就绪！"

"很好，维纳斯，开始吧！"一个略显沙哑的声音从话筒里传出。

危机！人质劫持事件

Y老师离开实践基地，没走几步就远远看到一个工作人员迎面走过。那人正走着，突然从他头顶上的天花板通风口冒出一股浓密的白色烟雾。

Y老师脚步一顿，眼睁睁地看着那人瘫软在地上！

见到这个情景，Y老师立刻明白这个烟雾可能有问题。他心里一惊，连忙四下寻找，发现自己前方的天花板通风口也开始冒出白色烟雾。

他连忙深吸一口气，弯腰向着实践基地冲了过去。一进入房间，他立刻用身体将门关上，反锁。然后大声对同学们说道："快，找东西把门缝塞住！快！"

听到 Y 老师鲜有的急切语句，同学们反而一下子愣住了，不知道该怎么做。

第一个反应过来的是王小飞，他立刻从身边的桌面上把桌布一把扯下，跑到 Y 老师的身边。

Y 老师起身，不敢懈怠，一边和王小飞一起堵住门缝，一边道："关闭通风和空调，关闭所有窗户，把缝隙全部堵上！用水把布淋湿！快！"

刚说完这些，Y 老师也感到一阵眩晕，看来自己也吸入了少量的白色烟雾。

Y老师用力地摇了摇头，努力让自己保持清醒，这时，种种令人心生不安的细节，一下子全都涌现——过多的参会人数、糟糕的手机信号、电梯里那三个奇怪的工作人员……

"Y老师，发生什么事了？"马大虎这次也一改平时的咋咋呼呼，小心地问道。

Y老师拿出手机，依然没有信号。他放下手机，用尽量平静的语气说道："还不清楚，但是可以肯定，有坏人对高科技峰会下手了！"

同一时间，滨海市交通管理指挥中心的指挥大厅里，大屏幕上突然发出连串的错误警报。

"顾总工！全市的交通灯全部失去控制！主要路段因为交通灯的错误信号，引发大面积交通拥堵！"

顾总工皱眉道："原因？"

"应该是系统被入侵了！"工作人员有点艰难地说出了看法。

顾总工焦急地来回踱步。上次的黑客入侵事件才发生不久，他们已经第一时间进行系统排查，清理了所有的病毒，怎么这么快就又被攻破了？

他已经明显感觉到这不是什么黑客的炫技，而是有组织有计划的入侵行动。

但是，眼下也没办法去追究背后的原因，必须立刻解决交通瘫痪的问题，否则可能会带来更严重的后果。

"快，切断机房电源！然后立即向上级汇报！"

……

此时，国际会议中心的会议大厅，逐渐有人开始清醒过来。他们发现自己的手被束缚，无法自由活动，于是有人已经开始高声叫嚷起来。也有人意识到可能发生了什么，害怕不已。一时间，会议大厅里抗议声、求饶声、哭泣声响成一片。

主席台上，只有一人没有被束缚，他就是欧阳院士。看到他已经清醒，旁边有个带着黑色头套的人用手做了一个请的动作："欧阳院士，请您跟我们走一趟。"

欧阳院士表情镇定且愤怒，当即表示抗议："你们要干什么？我哪里也不去！"

那人也不恼怒，只是把手里的突击步枪缓缓指向旁边地上的主持人。

"只要您好好配合，我们不会为难任何人。否则……"

看到主持人被吓得扭曲的脸，欧阳院士只好起身，在两个黑衣人的带领下离开了会场。

其他人看到欧阳院士离开，感到更加恐惧，会场的吵嚷声更大了。

突然，一个冷漠且沙哑的声音从广播系统里传出，所有人瞬间安静了下来："女士们，先生们，我是万神殿的宙斯。很高兴通知大家，我们已经控制了国际会议中心。而我，将为大家做一次简短的主题演讲。为了保证大家能够安安静静地专心听讲，我已经切断了会场的所有通信……"
听到这里，会场里响起各种嘈杂的哭泣声和叫
喊声。

"嘘——只要大家乖乖听话，我保证今天不会
有人受伤。"那个沙哑的声音略带戏谑地说道。这
些声音通过广播回荡在整个国际会议中心，包括
大楼的外面。

此时，担任外部警戒的警察和安保人员也察
觉到事情不对，立刻想进入大楼。但是，他们发
现大门已经关上，门禁卡也已经失效。

于是，警察们拔出配枪，准备打坏门锁，破
门而入。

这时，宙斯那冷漠的声音再次响起，语气平
静也有些不耐烦："外面的人不要妄想冲进来，只
要你们有任何动作，我将会开枪射杀人质。现在，
请你们离开会议中心，退到大门外面。"

见强攻方案失效，警察无奈，只好招呼其他

人一起，迅速退到了大门之外。

"我们今天的目的很简单，第一，将所有警察撤出 5 公里外，不可靠近国际会议中心；第二，我们需要滨海市立刻准备 10 亿元，打入指定账户，同时，不得追踪和干扰账户的任何操作；第三，立刻准备一架直升机，加满油停在会议中心楼顶的停机坪。"

宙斯停顿了一下，继续道："两个小时内全部准备好，每超时一分钟，你们都将得到一具尸体。"

"今天现场的人很多，咱们可以慢慢玩！"宙斯道，"顺便说一下，我的联系方式会稍后提供，请留意接收！"

"最后，让我们一起高喊我们的口号，"宙斯清清嗓子，"推动 AI 进化，迎接神的降临！"

所有歹徒此时都狂热地高喊："推动 AI 进化，迎接神的降临！"

……

交通指挥中心的会议室，已经成为应对这次人质劫持事件的临时指挥部。

此时，坐在会议室主位的正是滨海市的市长。其他各部门的人正在紧张地汇报着情况。

"目前被劫持的人质约为630人，包括30多位嘉宾，80多名工作人员，其他的为参会者。嘉宾中包括了欧阳院士，还有来自美国、英国、日本等国的专家学者和知名企业家……"

"推测目前歹徒已经控制了所有的智能系统，并切断了中心的所有对外通信方式。"

"目前全市的交通依然没有恢复通畅，但警力已经基本部署到位……"

"……劫匪已经提出了要求，并且提供了联系方式，是否马上联系……"有人询问道。

"不！"市长果断道，"等谈判专家到位后，让他来谈！"

"谈判专家现在堵在路上，已经让交警用摩托车去接，预计 15 分钟后到达！"

市长感到一阵头疼，他捏了捏眉心道："劫匪的背景调查清楚了吗？"

身穿警服的公安局局长起身道："劫匪自称来自万神殿，这是一个国际恐怖组织，具体情况让这位国际刑警组织的反恐专家为大家讲解。"

他身边一名西装革履的中年人开口道："万神殿是一个神秘的跨国恐怖组织，他们宣称要建立一个以人工智能为中心的全新的人类社会……"

"什么？人工智能？"周围的人一片讶异。在他们看来，这算是哪门子主张，而且就算要实现人工智能社会，也不至于搞恐怖袭击吧。

"安静！"市长出言整顿了一下会场，示意反恐专家继续说下去。

反恐专家点点头继续道："他们的主张并不是简单地应用人工智能，而是集合全球资源打造一个超级人工智能，并将这个人工智能当作全世界的中心和信仰，也就是说，他们要造一个神！"

看到大家惊讶的表情，反恐专家也不在意，这种表情他看得太多了。他竖起三根手指："万神殿目前已经宣布对三起事件负责，一起是针对人工智能企业的大规模网络入侵，窃取并开源了其训练模型和算法，一起是抢劫了十万张用于训练人工智能的 GPU 显卡，最后一起是绑架了两个顶级人工智能团队。"

"最为诡异的是最后一起，他们在一个星期后释放了这两个团队的成员，但是，有三个人没有回来。据分析，这三人很可能加入了万神殿！"

什么？主动加入恐怖组织！这简直是匪夷所思，而且还是这么聪明的人。

这时，有人提出疑问："这么看，他们似乎不算是很激进的恐怖主义分子，为什么这次要如此行事呢？"

有人附和道："是啊，为了 10 亿人民币，说不通啊！"

反恐专家点点头："表面上看，他们的确不算是特别激进，但是，他们的其中一个主张非常极端。他们宣称，任何阻止人工智能进化的人和组织，包括国家，他们都会不遗余力地加以铲除！"

"你的意思是，因为目前还没有人对人工智能表示明确反对，所以才没有出现伤亡，是这个意思吗？"公安局局长惊讶道。

121

反恐专家点点头："是的。但是，前一段时间有几位公众人物接连被曝出丑闻，然后就消失在公众视野了。他们三人都曾经公开表示反对人工智能。虽然没有直接证据，但是我们内部分析认为这就是万神殿干的！"

"你认为这次他们的目的到底是什么？总不可能是钱吧？"公安局局长追问道。

"我认为，他的目标就是……"

万神殿的真实目的

"他们的目标应该是欧阳院士！"实践基地里，Y老师小声地分析道："这个万神殿是一个恐怖组织，他们的目标是让AI成为人类的神。他们并不缺钱，因为有很多幕后的支持者支持他们。"

"欧阳院士并不是AI专家啊，为什么要绑架他呢？"王小飞疑惑道。

"我推测是因为AI的算力需要庞大的电力作为支撑，能够满足需要的，恐怕只能是可控核聚变技术。而目前这个领域最先进的技术掌握在欧阳院士手里！"Y老师道。

"这群坏蛋，难道真让他们称王称霸了？！"马大虎义愤填膺。

Y老师拍了拍马大虎："现在不是声讨他们的

时候。根据我的分析，现在歹徒已经完全控制了这里，包括大厦里所有的智能管理系统和所有的人。同时，他们还切断了全部的对外通信。这个计划目前没有破绽，我相信警方肯定不敢轻举妄动。如无意外，歹徒们应该可以拿到他们想要的东西，然后全身而退。"

史蒂芬·赵听到这里，气得在房间里来回踱步。

然而，查理却眨了眨眼睛问道："Y老师，你说的不对，咱们不算被控制了吧？"

Y老师点点头："你说得对，他们认为已经控制了所有人。我们是他们的意料之外！"

……

一间休息室内，欧阳院士坐在沙发上，对面是一个身穿黑色风衣，戴着口罩和墨镜的男人。

"欧阳院士，第一次见面，我是万神殿的宙斯，很高兴能跟您见面！"自称宙斯的人礼貌地伸出一只手，做出准备握手的姿态。

"哼！"欧阳院士面无表情地扭过头去。

"欧阳院士不用这么抗拒嘛！我们之间并没有什么不可调和的矛盾。你看，我们的目标就是发展人工智能，对此，你并不反对，我说的对吗？"

欧阳院士一向刚正不阿，压抑内心的愤怒道："这就是你们劫持人质的理由吗？为了发展人工智能？简直是毫无逻辑，一派胡言！"

"钱什么的，我们万神殿不缺，更不在乎。我们的信徒中有许多有钱人，他们的资助足够我们推动我们伟大的事业。"

"那你们想要什么？"

"你的研究成果！"黑衣人直言不讳，"要让AI成为超越人类的超级智能，必须拥有庞大的算力。算力则需要巨大的能源。而您的研究，可控核聚变，正是我们的神所需要的。"

"你们的神如此厉害，干吗不让他想想办

法？"欧阳院士嘲讽道。

宙斯也不恼怒："神还在襁褓中，还需要人类的哺育。"

欧阳院士有些厌恶道："人工智能就是人类的工具，它可以帮助人类过上更好的生活。这是人工智能存在的意义！你们把人工智能变成神，到底居心何在？！"

宙斯哈哈大笑："哈哈哈！当人工智能成为超级智能，这个宇宙就不再需要人类来思考了。也就是说，未来人类一思考，人工智能就发笑。"

宙斯得意扬扬地说着，把一只手放在胸前，做出略带虔诚的样子："当然了，您和我这样的顶级人类才有思考的权利。至于普通人，他们只需要匍匐在神的脚下，接受神的恩赐就足够了……"说完，宙斯又是一阵放肆的大笑。

宙斯对欧阳院士认真道："和我们一起，迎接神的降临，我们会让宇宙迎来更美好的未来！"

欧阳院士没好气道："一群疯子！我不会与你们合作的！"

宙斯冷笑一声："其实，我们也不是真的需要您的加入。"

说罢，他点头示意。立刻有一个戴着头套的匪徒拿着一台手提电脑走到欧阳院士的面前。

"欧阳院士，请吧！"宙斯笑道。

欧阳院士没有任何动作，只是死死盯着宙斯。

宙斯耸耸肩："来人，帮一下欧阳院士。"

立刻有两人上前，两人死死按住欧阳院士，其中一人用一个工具把欧阳院士的眼皮撑开。

电脑扫描到欧阳院士的虹膜后，立刻解锁成功。身边的两人也马上松手，放开了欧阳院士。

宙斯轻松道："您看，多简单！下面，需要您的密码！您输入一下，可以吗？"

欧阳院士喘着粗气，愤怒地盯着宙斯："休想！"

宙斯无所谓道："带过来！"

话音刚落，就有三个人被带了进来，打头的是一名女子。只见她浑身被束缚衣束缚，头上还戴着头套。她不断地挣扎，但是嘴里被塞满了东西，只能发出呜呜的声音。

"我把她的生命，交到你的手上了，欧阳院士！"宙斯戏谑地说道，然后拿出一柄手枪，抵在了女子的头上。

滨海市交通指挥中心的会议大厅里，气氛极度压抑。目前，谈判专家已经与对方交涉了几个回合，没有任何进展。万神殿拒绝了所有的替代方案和人道物资进入大楼的请求。时间正在一分一秒地过去，距离宙斯宣称的截止时间，只剩下一小时十五分。

"让银行准备好现金，通知航空公司准备一架直升机……"市长艰难地决策。

"这……"公安局长心有不甘。

市长摆摆手："无论如何，都不能让欧阳院士和其他人质有任何闪失！不用说了，我是这次行动的总指挥，我来承担所有责任！"

市长拍了拍公安局局长的胳膊："不是还有一个多小时吗？抓紧时间吧！"

看着公安局局长离开的背影，市长抬头看向国际会议中心的方向："现在，我们也许只能希望出现奇迹了……"

……

休息室里，欧阳院士用颤抖的手输入了系统密码，然后像被抽干了所有的力气，一下子瘫坐到了沙发上。

这时，有几个蒙面人进来把女子的尸体拖了出去，同时还带走了另外两人。

宙斯用轻松的语气道："恭喜你，欧阳院士，你的决定成功地保住了两个人的生命，他们会感谢你的！"

欧阳院士突然爆发："你这个疯子，你们全都是疯子！"

宙斯无所谓道："随您怎么说！我建议您休息一下，等一会儿还需要您陪我们走一趟。等到了安全地带，我们会让您离开的。"

见欧阳院士没搭理自己，宙斯补充道："毕竟，我们还期待着您的研究成果啊！希望还有机会合作哦！"

欧阳院士的双眼已经愤怒得要喷出火来，双手紧紧地攥着。

绝地反击！

实践基地里，Y老师在一张纸上写写画画，很快就有了主意，接着他把所有人召集到一起。

他语速很快但很镇定："现在歹徒掌控了所有系统，切断了对外通信，控制了人质。这样营救人员无法掌握这里的真实情况，投鼠忌器，不敢行动。所以，我们要打破这一切，就必须重新控制系统，恢复通信，解救人质！"

孩子们面面相觑，大家之前被这突如其来的危机吓蒙了，现在看着 Y 老师自信坚定的眼神，内心里爱冒险的小火苗被点燃了，都期待地看着 Y 老师，等着下一步的行动指示。

Y 老师微微一笑说道："夺回系统控制权，由我来负责。至于恢复通信和解救人质嘛，就需要用到你们的看家本领了！"

"我们？！看家本领？！"大家有点疑惑，什么时候自己那么厉害了？！

Y 老师用手指向了那一排展品："那些就是你们的看家本领啊！"

众人眼见一亮，顿时明白了 Y 老师的意思。

　　无人机、机器人、物联网、可穿戴设备、虚拟现实、自动驾驶……这些展品凝聚着他们的想法和创意，是他们一点一滴亲手做出来的。

　　这下子，思路立刻就打开了。

　　"无人机可以传递消息……"

　　"首要先解决门口的监控，别一出门就被发现了！"

　　"嗯嗯，无线电干扰啊，这个怎么办？"

　　"没问题，用NFC，距离近点，能扛住的……"

　　"无人机、模型车、机器人都可以骚扰这些

131

坏蛋！"

"没错，不过要放倒他们还需要来点狠的……"

就这样，计划一点点地成型、完善。

很快，Y老师就成功潜入了会议中心的安防系统，获得了查阅监控的权限。

Y老师看了一下时间，有点无奈地说："对方设置了多重防火墙，获取最高权限需要的时间太长了，时间不允许。目前只能做到这一步了。"

王小飞看了一下监控画面道："有了这个就没问题了，可以开始下一步计划了！"

他对史蒂芬·赵点点头："看你的了！"史蒂芬·赵心领神会，比了一个OK的手势。

王小飞盯着监控画面，当镜头扫向另外一边的时候，一挥手。

马大虎和查理迅速把门打开，将顶峰学校的那架重型无人机放到了门外，然后赶紧关上门。

史蒂芬·赵则带上了VR头盔，操控着那架

重型无人机慢慢地飞到了摄像头的侧面。这架无人机刚经过了改装，安上了一根长长的铁钩。只见铁钩稳稳地挂在摄像头的电源线上，用力一扯，监控画面瞬间黑屏。

"怎么回事？"安防中心的其中一名歹徒发现有一个画面突然黑了，有些诧异。

紧接着，又有几个画面也接连黑了。

另一名歹徒敲了几下键盘，发现没有反应："可能是有人拔了网线吧……让人去瞧瞧。"说罢，就拿起对讲机，让附近的队员立刻去查看一下。

歹徒们并不知道，就在这个间隙，几架无人机带着 NFC 通信模块从二楼窗户的一个缝隙飞了出去。其中 5 架无人机把这些带着电池的通信模块放下后，就匆匆返回了房间。还有一架无人机则悄悄降落在了门外一个警察的脚边。

那名警察拿起无人机，看到上面的纸条后，赶忙用对讲机向指挥总部汇报。

Y老师手里拿着一个刚组装好的通信模块，那是一个电路板，上面有一个显示屏，其他的元器件则是用各种电线连接起来，最后用胶带绑在一起，一看就是仓促而成。他查看了一下屏幕上的数据："这个距离勉强可以抵抗信号干扰。下面就要等外部联系咱们了。"

突然，那个通信模块传出有点断续的声音："喂，能听到吗？我是指挥中心，听到了请回答，听到了请回答！"

刚才还在焦急等待的Y老师长舒一口气，然后立刻回答："听到了。我是棉花糖学校的Y老师。"

"你们有几个人？现在情况如何？是否安全？"对面焦急地询问。

"我们这里包括我一共10个人，目前在二楼的一个房间，全员情况良好，很安全，对方没有发现我们！"Y老师简短地报告现况。

"太好了！时间紧迫，我们需要马上掌握会议中心的情况，特别是欧阳院士和其他人质的情况！"指挥中心继续回复。

"对方使用了电磁干扰，信号不稳定，传输不了视频，但是可以传输静态画面，频率的话……"Y老师略一沉吟："5秒钟一幅画面！"

对面停顿了一下，应该是在跟其他人商量："可以，请你立刻将画面传输过来。另外，我们计划尽快开展营救行动，需要你们配合……"

Y老师与指挥中心很快将计划敲定。

指挥中心："那就按照计划实施，既然无法判断欧阳院士的情况，那就先解救一楼大会议室的人质！"

Y老师："好的。我们会尽量干扰歹徒，拖住他们，为你们创造机会！"

指挥中心沉默了一下："谢谢大家，请一定注意安全！"

Y老师看了看正在忙碌的同学们，点点头道："明白！"

指挥中心的会议室，之前的压抑一扫而空。任谁都想不到，这群孩子们能帮上如此大的忙。

市长凝重地对公安局局长道："一定要一击必中！绝不能浪费这群孩子们冒险创造出来的机会！"

特警队员已经身着迷彩作战服，整装待发，公安局局长抬手敬了一个标准的警礼："是！保证完成任务！"

此时，位于风暴中心国际会议厅的这间小屋里，所有人正按照Y老师的安排，紧锣密鼓地准备着接下来要用到的工具。

王小飞、尤大志和伍理想正在合力用工具台上的工具组装一个物件。王小美和杨小鹰则负责盯着监控画面，并将画面逐一传输给指挥中心。

伍理想拿起一个成品，打开了开关，只见那个物体上的两个金属探针之间拉出了漂亮的电弧，同时还发出滋滋啦啦的声音。

伍理想看着电弧，嘿嘿一笑："这下子，应该够那些坏蛋们享受享受了！"

Y老师看了看手机上的时间，对同学们严肃地说道："咱们的机会不多，必须最大限度地拖住歹徒。刘星星、查理、尤大志，你们负责吸引歹徒的注意力；伍理想、马大虎、史蒂芬·赵，你们负责用电击器打击歹徒。王小美和杨小鹰，你俩负责监视监控画面，有情况随时汇报。王小飞，你负责保持与指挥中心的联络。"

见众人都已经做好准备，Y老师握拳示意："行动！"

不多时，四个20多厘米高的人形机器人和四架小型无人机悄悄地离开实践基地，向着一楼的会议中心而去。

一楼会议大厅里，气氛压抑。几百名人质坐在各自的位置早已无精打采。他们的手被扎带绑住，无法自由行动。

此时距离他们被烟雾迷晕已经过去快两个小时，加上精神高度紧张，许多人已经非常疲劳，又渴又饿。

整个大厅里只有四个持枪的歹徒，分散在四个角落。风平浪静的两个小时，也让这些人开始有些松懈。

突然，其中一个歹徒感觉有东西碰了一下自己的脚。他低头看去，只见一个小机器人嚣张地对自己挥舞着拳头，他揉了揉眼睛，确定自己没有看错。

那个小机器人做出拳击的姿势，打了几下他的鞋子，看打不动，又离远了一些，然后开始跳舞！

歹徒感觉眼前的一幕太不真实了，他打算把这个看起来毫无威胁的玩具机器人拿起来仔细研究一下。

就在他低头弯腰的一瞬间，旁边突然蹿起一个无人机，把电击器狠狠地戳在了他裸露的后脖子上。

只听"扑通"一声，那个歹徒连声音都没发出，直接倒地。别看这个电击器体积不大，它的瞬间电压可以高达数万伏，足以让一个成年男子丧失行动能力。

紧接着，又有两名歹徒也瘫软在地上。

这时，最后一名歹徒发现情况不对，正想走过去查看。突然身后传来一阵轻微的脚步声，他正想回头，就被人从背后一个手刀击晕在地。

原来，公安局局长带着20多名警察早就绕开了歹徒的监控，潜伏在了大门外面。当小机器人和无人机开始与歹徒纠缠的时候，他们立刻破门而入。只是他们也没有想到这些小玩意儿居然能一下子制服三名歹徒！

看到所有歹徒都被制服，警察控制了局面，

实践基地里的众人也是齐齐松了口气，纷纷击掌庆贺。

唯独马大虎闷闷不乐："搞什么啊，我都还没出手呢！"

此时，大厅里的人质们也看到了这些身穿迷彩服的特警们，这些特警迅速将歹徒捆绑处理好，然后在大厅的门口建立了警戒。

公安局局长则一把扯下黑色的头套，大声道："大家不用惊慌，我们是警察。现在你们已经安全了，稍后我们会护送大家安全离开！"

人群里发出欢呼声，直到此时，高度紧张的人群才放松下来，乱成一片，有人低声啜泣，有人在安慰着身边的人。

公安局局长迅速查看了情况，然后拿出对讲机道："指挥中心，已经控制一楼会议厅，全体人质安全，没有发现欧阳院士，重复一次，没有发现欧阳院士！"

安防中心里，宙斯推门而入："情况怎么样？"

"一楼的大厅已经被警方攻破，怎么办？要去增援吗？"说话的人显然已经有些慌乱了。

宙斯倒是不慌，伸手指了指后面："怕什么，只要带着他，我就不信警察敢开枪！"

然后拿起手机拨通了一个视频通话："时间已经到了，我们要的钱和直升机呢？"

"现金的准备还需要一些时间，直升机我们已经调配好在路上了，请再等一下……"谈判专家试图尽量稳住对方。

宙斯把镜头对准了欧阳院士："等？我可没那么多耐心。再给你们3分钟！否则我立刻开枪！"说完狠狠地挂断了视频通话。

指挥中心里，市长无奈地摆了摆手："照办！一定要保证欧阳院士的安全。"

对讲机里传出公安局局长急切的声音："我们的狙击手已经到位，可以击杀这几名歹徒！"

"如果误伤了欧阳院士怎么办？我们不能冒这个险！"市长断然拒绝。

对讲机那头沉默了一下，然后道："我觉得咱们可以让孩子们再试试。只要能吸引歹徒的注意力，我们就有机会拿下他们！"

"这……"市长有些意动。

公安局局长继续道："请给我们一个机会！我相信孩子们能办到！"

市长来回走了几步，下定决心："好！一定要确保欧阳院士的安全！"

公安局长大声道："是！"

简短地与Y老师交流后，行动马上开始！

银行的转账已经准备好，几乎是瞬间到账。而直升机其实就停在距离国际会议中心几百米的一个停机坪。接到命令后，直升机很快就飞了过来。

"果然很听话！"宙斯放下手机，笑道，"来吧，陪我们走一趟！"

说罢带着三名手下和欧阳院士乘坐电梯前往楼顶的停机坪。

楼顶的风很大，宙斯扶了扶头上的礼帽，警惕地看向四周。确认周围没有埋伏后，几人将宙斯和欧阳院士护在中间，迅速朝着直升机走去。一路上，宙斯的枪口一直顶在欧阳院士的太阳穴，丝毫不敢离开。他很清楚，欧阳院士就是他的护身符，一旦欧阳院士安全，他会在一瞬间被击杀。

就在他们快靠近直升机的时候。突然从四周飞来很多无人机。没等宙斯反应过来，他身边的三人就已经被电击器击晕在了地上。

宙斯本能地拿起手枪，对着无人机一通点射。

两架无人机应声落地。

宙斯哈哈大笑，正准备重新胁持欧阳院士冲向直升机。

谁知欧阳院士瞅准机会，用力一推。宙斯一

个趔趄，向旁边踉跄两步才稳住身形。

宙斯自知不好，立刻用枪指向欧阳院士。但是为时已晚，早已准备好的狙击手扣下了扳机。

只听砰的一声，宙斯头部中弹，直挺挺地向后倒去。

几名警察也很快来到楼顶，将欧阳院士保护起来。

从无人机画面里看到这一幕的众人，一起欢呼了起来。指挥中心也是一片沸腾。

胜利！并不完整的胜利！

"报告，我们搜遍了整个大楼，没有发现欧阳院士所说的那名女士的尸体。地上的血迹也不是人类的血液，而是拍戏用的道具血包！"

听到汇报的公安局局长和市长对视一眼，已然明白那只不过是演给欧阳院士的一场戏，目的是逼迫欧阳院士交出研究资料。

市长皱眉问道："歹徒的身份确认了吗？"

"其他几名歹徒是前几天通过不同的途径从境外进入我国的。他们的身份信息无法查明，审讯也没有什么进展，他们似乎什么都不知道。至于那个宙斯……"

公安局局长欲言又止。

市长追问道："宙斯怎么了？"

"那人应该不是宙斯，只是一个替身……"

滨海市国际会议中心不远处的一间咖啡厅里，一名身穿黑色风衣的男子正在品尝着咖啡，正是Z，也就是宙斯。

啪的一声，一个 U 盘拍在桌子上，随即是维纳斯的声音："你要的资料！"

"辛苦了！"宙斯收好 U 盘，继续喝咖啡。

"好几个兄弟被抓了。"维纳斯平静地说道，似乎说着一件与自己毫不相干的事情。

"没事，他们知道得很少，牵扯不到其他人的。"宙斯放下咖啡杯，语带关切地问道："你怎么样，爆头的滋味不好受吧？"

"没什么，就是血包太麻烦了，害得我去酒店洗了好久。"维纳斯道。

"不过……"维纳斯还是心有不甘，"这次咱们准备得这么充分，结果还是被抓了这么多人，还死了一个你的替身，真是晦气！"

"嗯，那群孩子不简单，"宙斯看向窗外，"能够破坏我的计划，都是聪明的孩子啊！"

"哦？"维纳斯探身戏谑道，"你是打算把这些孩子带走吗？"

宙斯摇摇头："那倒是不必。这些孩子总会长大。当他们的思想逐渐成熟，就会明白让 AI 成为人类的神，是多么正确的选择。我相信他们会加入我们的！"

维纳斯感到无聊："切，没劲！"

宙斯看看手表："时间差不多了，咱们也该回去了。"

说罢，他拿出手机，发送了一段文字，然后把手机放下，与维纳斯两人径直离开了咖啡厅。

尾声：没有考试的世界

指挥中心里，Y 老师看着手机上的文字，久久不能平静。

"Y，你的学生们都很优秀，万神殿很看好他们。——宙斯"公安局局长看了半天，完全摸不着头脑："这句话什么意思？你认识宙斯？"

　　Y老师摇摇头："我不认识宙斯。但是，这句话的意思我很清楚，他们会对孩子们出手的。"

　　公安局局长不解："他们要绑架这些孩子？"

　　Y老师道："不，他们会影响这些孩子，让孩子们认可他们的观念，最后成为他们的同道中人，或者说，帮凶。"

　　走出指挥中心的大门，Y老师远远就看见孩子们在等着他。

　　"Y老师，你怎么这么久啊！"

　　"Y老师，今天有没有什么奖励啊！"

　　"Y老师，你请我们吃大餐吧！"

　　……

　　Y老师看着这群可爱的孩子们，又想到万神殿发出的威胁。他感觉肩头的担子更重了。

149

　　科技是工具，它从来都不是必然带来幸福的天使。它可以成为人类的好帮手，也可以成为残害人类的暴君，这一切都只取决于使用科技的人。

　　"怎样才能让孩子们正确地掌握和使用这些科技呢？"Y老师心想，"也许这是比让他们掌握科技本身更加重要的事情吧！"

1780年代

苏格兰发明家詹姆斯·瓦特改进蒸汽机,推动了工业化和工厂生产。

1800年代

珍妮纺纱机和水力织布机等机械化设备大幅提高生产效率,导致许多手工业者失业。

1870年代

美国科学家托马斯·爱迪生发明电灯,开启了电力广泛应用的时代。

1940年代

第二次世界大战促进了雷达、火箭和原子能的发展,其中原子弹的使用显示了科技的破坏潜力。

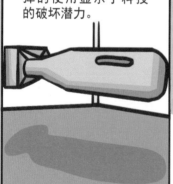

1960年代

人类首次登月,标志着太空探索的巨大飞跃。

1970年代

苹果和IBM等公司的个人计算机开始出现,开始影响人们的日常生活。

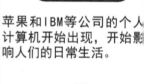

1880年代

德国机械工程师卡尔·本茨发明了第一辆现代汽车，开启了现代交通时代。

1890年代

德国机械工程师马可尼发明了无线电通信技术，为远程通信铺平了道路。

1910-1919年

坦克和飞机在第一次世界大战中的使用，改变了战争的面貌。

1980年代

互联网的诞生和发展，开始影响政治、经济和文化。

1990年代

移动电话和互联网普及，进一步推动全球化，改变了人际交流方式。

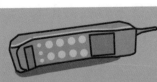

2020年代

人工智能和机器学习的进步带来深层次科技变革，但也引发人们对其潜在危害的担忧。

杨小鹰的科技发展简史

王小飞的学习笔记

152

1. 科技伦理（technological ethics）

科技伦理就像是给科技界设定的一套行为规则，帮助科学家和工程师决定什么是对的，什么是错的。它帮助科技界的人们思考：开发的技术应该怎样使用才是对的？如何确保不让技术伤害人们？此外，科技伦理还涉及公平性。例如，如果一种新技术只有富人能买得起，这是否意味着只有富人能享受技术的好处，而穷人则被忽略了？科技伦理要求技术对社会的每个人都有益，而不是仅仅服务于少数人。

2. 数据隐私（data privacy）

在数字时代，数据隐私关乎保护个人信息不被未经允许的人查看或使用，就像每个人的日记。

注册游戏账号、学习网站账号等时，我们都需要提供个人信息，数据隐私确保这些信息只用于我们同意的目的。但维护数据隐私并不容易，就像有人不小心或故意地把你的日记私下传阅一样。为此，很多国家和地区制定了法律来保护数据隐私，比如欧洲的《通用数据保护条例》（GDPR）。

3. 技术决定论（technological determinism）

技术决定论认为，社会的发展和变化主要由技术驱动，科技不仅改变了世界，甚至可能决定未来。但过度强调技术的重要性，可能让我们忽略其他方面。而且，技术的发展不一定总是进步。

4. 道德机器（moral machines）

"道德机器"指的是装备了人工智能的机器，它们能够在行动时考虑道德准则，让机器也有

"良心"，能够在决策时考虑对错。比如，一辆自动驾驶汽车在遇到紧急情况时，需要决定是保护车内乘客还是保护路上的行人。科学家和工程师需要在设计中融入道德准则。然而，编写这样的算法很难，而且复杂情境下，不同人有不同看法，我们如何能信任机器的判断？

5. 技术中立性（technological neutrality）

技术中立性认为，技术本身是中立的，不具备好坏属性，使用技术的人决定了它的好坏。一个经典例子是诺贝尔发明了炸药，但人们常常将其用于战争。技术中立性提醒我们，虽然技术本身是中立的，但使用它的方式绝不是中立的。如何让科技用于善行，这是科技伦理所探讨的问题。

6. 数字鸿沟（digital divide）

"数字鸿沟"描述了不同群体在获取和使用

信息技术上的差距。比如，在中国，手机支付、看视频、听音乐已经成为常态，但在一些国家，人们甚至买不起手机。数字鸿沟不仅是技术问题，还涉及经济、教育和社会层面。收入较低的家庭可能买不起电脑或网络服务，偏远地区的居民可能无法上网，还有老年人面对数字服务感到不便。这种鸿沟带来了不平等的后果，亟待解决。

7. 技术依赖（technological dependence）

技术依赖指我们对技术的高度依赖，几乎无法脱离技术生活。比如，早晨用手机闹钟叫醒自己，查看天气，叫车，点外卖，扫码付款，几乎每件事都离不开手机。虽然技术使生活更便捷，也提高了效率，但过度依赖也带来了问题。作为学生，我们学习时使用科技产品查资料、上网课，但也容易被游戏和动画分散注意力，导致时间浪费。技术依赖是否在影响我们的专注力和深度学习能力？

Y 老师的思考题

1. 人工智能在训练过程中使用人类的数据，这是否侵犯了人的权利?

查理:

不一定侵犯! 如果数据收集和使用过程中得到了人们的明确同意，并且数据被去个人化处理，那么使用这些数据帮助 AI 学习并不违反人权。

王小美:

当然侵犯了! 很多时候人们并不完全明白他们的数据会被如何使用，或者他们无法真正拒绝。使用这些数据可能会无意中泄露个人信息或者加强现有的偏见。

2. 使用机器人替代人类工作是好事还是坏事?

查理:

这是好事!机器人可以做一些危险或枯燥的工作,让人类有更多时间去做他们真正喜欢和有意义的事情。

王小美:

这是坏事!这会导致失业问题,很多人可能找不到工作,失去生活的稳定性和意义。

3. 我们应该允许科学家编辑未出生婴儿的基因吗?

查理:

应该允许!这样可以避免遗传疾病,提高人类的健康水平。

王小美:

不应该允许!这可能导致社会不平等加剧,

而且我们还无法完全预测编辑基因可能带来的长远后果。

4. 智能手机和社交媒体对青少年是好是坏？

查理：

这是好事！它让信息更容易获取，也让朋友之间的联系更紧密。

王小美：

这是坏事！过度依赖智能手机会减少面对面交流的时间，可能导致注意力缺陷和社交技能下降。

5. 如果技术可以实现永生，我们应该追求吗？

查理：

当然应该！永生意味着有无限的时间去学习新事物和经历生活。

王小美：

不应该！生命的有限性让我们的选择和经历

更有意义。

6. 科技公司应该对用户数据的安全负责吗?

查理:

应该负责!用户信任他们的数据给这些公司,公司就有义务保护这些信息不被滥用。

王小美:

不完全是!用户也应该提高自己的信息安全意识,不应完全依赖公司。

7. 科技是否总是带来进步?

查理:

是的,科技推动了医疗、教育等多个领域的进步,改善了我们的生活质量。

王小美:

不一定。科技也可能带来道德和社会问题,如隐私侵犯和人际疏远。

8. 科技发展是否应受到政府的严格监管？

查理：

不应该，过多的监管会抑制创新和进步。

王小美：

应该，严格监管可以防止科技滥用和减轻对社会的负面影响。

 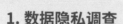

一起动手吧

1. 数据隐私调查

调查并记录下来家中所有连接互联网的设备。讨论这些设备如何收集数据，以及数据如何被使用。可以请家长辅助解释这些信息的可能用途和隐私设置。

2. 编写未来日记

科技越来越进步，很多科幻电影里都描述了未来生活，那么假如你穿越到 20 年后，想象自己生活在高度科技化的未来，写一篇日记描述一天的生活，特别是科技如何影响我们的社交、学习和家庭生活的。

3. 科技辩论赛

组织一次辩论赛，围绕诸如"应该允许学校使用监控设备监控学生吗？"等问题进行辩论，大家可以分别就正反两方谈谈自己的看法。

4. 数字清理活动

可以与家长一起来审查自己的在线账户，包括社交媒体账户，讨论如何安全地管理在线信息和保护个人隐私。

5. 技术与环境

研究不同科技产品的生命周期，包括生产、使用和废弃的环境影响，探讨如何做到科技的可持续使用。

6. 科技伦理访谈

采访家长或老师，或其他熟悉的成年人，了解他们对科技伦理的看法，例如对人工智能的看法，以及科技如何改变了他们的工作和生活。

162

联系 Y 老师

同学们，上面的思考题和动手题，Y 老师都希望你可以想一想试一试，如果你有什么好的想法，或者遇到什么困难，也欢迎你随时联系 Y 老师。

我在这里等你哦：公众号"少年 AI 漫游指南"

邮箱地址：AskTeacherY@outlook.com

内容提要

在风景如画的滨海市，三所风格迥异的学校——棉花糖学校、顶峰学校与奋进学校，构成了充满竞争与友谊的"校园三国"。全书以三所学校的科技活动为主线，通过轻松幽默的校园故事，逐步带领孩子走近航空航天、自动驾驶、机器人、虚拟现实、人工智能、绿色能源等12个前沿科技领域。故事中，三所学校的孩子们积极运用科技的力量来解决学习与生活中的难题，在实践中加深了对科技的理解。

除故事外，每个章节特别增设了"科技发展简史""学习笔记"和"一起动手吧"三个板块，让孩子在趣味阅读中了解科技知识，拓展科技视野。

图书在版编目（CIP）数据

校园三国之炫酷科技 / 柴小贝，戴军著 . –– 上海：
上海交通大学出版社，2025.3. –– ISBN 978-7-313-32116
-9

Ⅰ. N49

中国国家版本馆 CIP 数据核字第 2025LT2446 号

校园三国之炫酷科技

XIAOYUAN SANGUO ZHI XUANKU KEJI

著　　者：	柴小贝　戴军			
出版发行：	上海交通大学出版社	地　　址：	上海市番禺路 951 号	
邮政编码：	200030	电　　话：	021-64071208	
印　　制：	上海景条印刷有限公司	经　　销：	全国新华书店	
开　　本：	880mm×1230mm　1/32	总 印 张：	21.25	
总 字 数：	241 千字			
版　　次：	2025 年 3 月第 1 版	印　　次：	2025 年 3 月第 1 次印刷	
书　　号：	ISBN 978-7-313-32116-9			
定　　价：	118.00 元（全 4 册）